铝及铝合金状态与性能登记表

葛立新　谷　柳　主编

北　京
冶　金　工　业　出　版　社
2024

内 容 提 要

本书给出了不同牌号、状态及尺寸规格的铝加工产品对应的室温拉伸力学性能的极限值及典型值，数据源自标准制（修）订过程中各企业统计数据，具有参考性和普适性。书中涉及了板、带、箔产品，管、棒、型材产品及锻件产品，可广泛应用于交通运输、建筑与装饰、电子、轻工等领域。

本书可供铝加工企业生产质检人员、下游生产企业设计人员及大专院校和科研机构相关人员阅读参考。

图书在版编目（CIP）数据

铝及铝合金状态与性能登记表 / 葛立新，谷柳主编.
北京 ：冶金工业出版社，2024. 12. -- ISBN 978-7
-5240-0042-6

Ⅰ. TG146. 21

中国国家版本馆 CIP 数据核字第 2024PU0669 号

铝及铝合金状态与性能登记表

出版发行	冶金工业出版社	**电　话**	(010)64027926
地　址	北京市东城区嵩祝院北巷 39 号	**邮　编**	100009
网　址	www. mip1953. com	**电子信箱**	service@ mip1953. com

责任编辑　张熙莹　美术编辑　彭子赫　版式设计　郑小利　责任校对　郑　娟　责任印制　窦　唯

三河市双峰印刷装订有限公司印刷

2024 年 12 月第 1 版，2024 年 12 月第 1 次印刷

787mm×1092mm　1/16；10 印张；5 彩页；251 千字；149 页

定价 80. 00 元

投稿电话　(010)64027932　投稿信箱　tougao@cnmip. com. cn

营销中心电话　(010)64044283

冶金工业出版社天猫旗舰店　yjgycbs. tmall. com

（本书如有印装质量问题，本社营销中心负责退换）

本书编委会

编委单位（按单位名称笔画排序）

山东华建铝业集团有限公司
广东伟业铝厂集团有限公司
广东和胜工业铝材股份有限公司
广东豪美新材股份有限公司
广亚铝业有限公司
有色金属技术经济研究院有限责任公司
有研工程技术研究院有限公司
江阴恒兴涂料有限公司
江苏鼎胜新能源材料股份有限公司
厦门厦顺铝箔有限公司
福建省闽发铝业股份有限公司

前　言

状态代号是代表产品性能特征的符号，也是被国际社会认可的、有其特定含义的、用于产品生产贸易和技术交流的重要符号，其选择不当会影响产品合格判定结果，引发误解或贸易纠纷，还会导致生产数据统计错误，甚至影响标准制（修）订工作。本书以全国有色金属标准化技术委员会轻金属分会注册的标准制（修）订过程中企业实际生产数据为依据，给出了典型铝加工产品的室温拉伸力学性能极限值及其实测数据典型值，以利于有关人员了解铝产品不同状态下的拉伸力学性能特征，对于变形铝及铝合金科研人员和生产人员正确理解、应用状态代号有非常好的帮助作用。

本书分为 3 个部分，第 1 部分为板、带、箔产品的状态与性能，第 2 部分为管、棒、型材产品的状态与性能，第 3 部分为锻件产品的状态与性能，涉及 26 类特殊工业用产品，4 类一般工业用产品，共列出了 30 类产品的状态与性能登记表。有相应产品标准时，登记表中采用相应产品标准中所规定的数据作为极限值；没有相应的产品标准或产品标准所规定的性能指标已经滞后于技术进步时，登记表中根据实测数据统计结果给出产品的状态代号或极限值的修正建议，供供需双方商定性能时参考。

需要强调的是，本书给出的典型值和极限值均不作为产品合格判定依据。

编　者

2024 年 4 月

目　　录

1 板、带、箔产品的状态与性能

1.1 航空用板材

航空用铝合金板材具有轻质、高强度、耐腐蚀等特点，是航空领域中常用的结构材料，包括飞机机身、机翼、发动机外壳、导弹等部件。它能够减轻飞机的重量，提高飞行性能和燃油效率，同时保证飞行器件的结构强度与安全。

航空用铝合金板材常用牌号为2×××系和7×××系，典型产品厚度为6.35~153.00 mm，产品主要有T3、T351、T39、T7451、T851等状态，典型抗拉强度为400~510 MPa。大部分航空用铝合金板材对断裂韧度、腐蚀性能、材料性能均匀性等性能有特殊要求，取样要求与检测方法也不同于一般工业用铝合金板材。航空用铝合金板材典型状态与性能见表1-1。

表1-1 航空用铝合金板材典型状态与性能

牌号	供货状态	试样状态	取样方向	室温拉伸力学性能											备注
				拉伸性能极限值						典型值					
				产品标准	厚度	抗拉强度 R_m	规定非比例延伸强度 $R_{p0.2}$	断后伸长率		厚度	抗拉强度 R_m	规定非比例延伸强度 $R_{p0.2}$	断后伸长率[①]		
								$A_{50\ mm}$	$A_{4.515}$ 或 $A_{5.65}$				$A_{50\ mm}$	$A_{4.515}$ 或 $A_{5.65}$	
					mm	MPa		%		mm	MPa		%		
2024	T351	T351	横向	YS/T 1629.2—2023	6.35~12.70	≥440	≥290	≥12	—	12.70	464	307	—	17.39	—
					>12.70~25.40	≥435		—	≥8	25.40	457	300		17.66	
					>25.40~38.10	≥425			≥7	38.10					
					>38.10~50.80				≥6	50.80	453	297		13.37	

续表 1-1

牌号	供货状态	试样状态	取样方向	室温拉伸力学性能											备注
				拉伸性能极限值						典型值					
				产品标准	厚度	抗拉强度 R_m	规定非比例延伸强度 $R_{p0.2}$	断后伸长率		厚度	抗拉强度 R_m	规定非比例延伸强度 $R_{p0.2}$	断后伸长率①		
								$A_{50\ mm}$	$A_{4.515}$ 或 $A_{5.65}$				$A_{50\ mm}$	$A_{4.515}$ 或 $A_{5.65}$	
					mm	MPa		%		mm	MPa		%		
2024	T351	T351	横向	YS/T 1629.2—2023	>50.80~76.20	≥415	≥290	—	≥4	76.20	453	297	—	12.58	—
			纵向		>101.60~127.00	≥380	≥270		≥5	120.00	426	346		14.34	横向性能为：R_m：≥424.43 MPa，$R_{p0.2}$：≥301.58 MPa，$A_{4.515}$：≥9.54%
2124	T851	T851	纵向	YS/T 1629.3—2023	25.00~51.00	≥455	≥393		≥6.0	30.00	489	458		10.10	—
			横向						≥5.0		492	456		8.60	
			纵向		>51.00~76.00	≥448			≥6.0	70.00	497	453		9.30	
			横向						≥4.0		494	451		6.80	
			高向			≥434	≥379		≥1.5		464	425		4.40	
			纵向		>76.00~102.00	≥448	≥386		≥5.0	86.00	499	462		7.00	
			横向						≥4.0		479	410		10.00	
			高向			≥427	≥372		≥1.5		458	440		5.00	
			纵向		>102.00~127.00	≥441	≥379		≥5	120.00	502	457		10.00	
			横向						≥4		495	446		6.00	
			高向			≥421	≥365		≥1.5		461	432		2.00	
			纵向		>127.00~153.00	≥434	≥372		≥5	137.00	501	458		9.0	
			横向						≥4		492	441		8.0	

续表 1-1

牌号	供货状态	试样状态	取样方向	室温拉伸力学性能											备注
				拉伸性能极限值						典型值					
				产品标准	厚度	抗拉强度 R_m	规定非比例延伸强度 $R_{p0.2}$	断后伸长率		厚度	抗拉强度 R_m	规定非比例延伸强度 $R_{p0.2}$	断后伸长率①		
								$A_{50\ mm}$	$A_{4.515}$ 或 $A_{5.65}$				$A_{50\ mm}$	$A_{4.515}$ 或 $A_{5.65}$	
					mm	MPa		%		mm	MPa		%		
2124	T851	T851	高向	YS/T 1629.3—2023	>127.00~153.00	≥400	≥352	—	≥1.5	137.00	455	422	—	2.5	—
2324	T39	T39	纵向	YS/T 1629.2—2023	19.05~33.02	≥463	≥427		≥10	20.00	471	432		13.0	
			横向			≥490	≥394		≥8		498	401		9.0	
2524	T3	T3	横向	GB/T 33368—2023	>1.57~3.25	≥421	≥276	≥15	—	3.25	442	277	22.5	—	
					>3.25~7.87	≥427				5.00	437	288			
2H24	T351	T351	纵向		>25.40~38.1	≥449	≥336	—	≥18	27.00	463	362	—	21.5	
			横向			≥445	≥305		≥17		451	318		20.5	
7050	T7451	T7451	纵向	YS/T 1629.1—2023	6.35~12.70	≥510	≥441	≥10	—	12.00	538	480	17.0	—	
			横向					≥9			541	478	14.3		
			纵向		>12.70~50.80			—	≥10	40.00	540	478	—	13.5	
			横向						≥9		532	468		15.6	
			纵向		>50.80~76.20	≥503	≥434			60.00	543	481		13.6	
			横向						≥8		533	470		16.2	
			高向			469	≥407		≥3	80.00	508	429		9.3	
			纵向		>76.20~101.60	≥496	≥427		≥9		533	470		12.6	
			横向						≥6		523	457		12.8	

续表 1-1

牌号	供货状态	试样状态	取样方向	室温拉伸力学性能											备注
				拉伸性能极限值						典型值					
				产品标准	厚度	抗拉强度 R_m	规定非比例延伸强度 $R_{p0.2}$	断后伸长率		厚度	抗拉强度 R_m	规定非比例延伸强度 $R_{p0.2}$	断后伸长率①		
								$A_{50\ mm}$	$A_{4.515}$ 或 $A_{5.65}$				$A_{50\ mm}$	$A_{4.515}$ 或 $A_{5.65}$	
					mm	MPa		%		mm	MPa		%		
7050	T7451	T7451	高向	YS/T 1629.1—2023	>76.20~101.60	≥469	≥400	—	≥3	80.00	517	438	—	8.1	—
			纵向		>101.60~127.00	≥490	≥421		≥9	120.00	510	458		14.0	
			横向						≥5		518	451		11.9	
			高向			≥462	≥393		≥3		503	425		7.2	
			纵向		>127.00~152.40	≥483	≥414		≥8	150.00	504	451		13.5	
			横向						≥4		503	450		12.5	
			高向			≥462	≥393		≥3		492	412		7.5	
			纵向		>152.40~177.80	≥476	≥407		≥7	177.80	498	441		11.7	
			横向						≥4		507	429		8.4	
			高向			≥455	≥386		≥3		488	403		5.6	
7055	T7751	T7751	纵向	GB/T 40321—2021	12.70~38.10	≥614	≥593		≥7	19.05	616	595		13.0	
			横向				≥586		≥8		614	586		13.7	

① 试样标距按相应产品标准。制样或测试方法的微小差异，可能导致伸长率测试结果偏离。

1.2　汽车用铝及铝合金板、带材

汽车用铝及铝合金板、带材具有良好的可焊性、烘烤硬化性、表面平整性和冲压成型性，主要用作前引擎罩盖、行李箱盖、车门、顶盖和翼子板等汽车结构件和汽车覆盖件。汽车用铝及铝合金板、带材常用牌号为5×××系和6×××系，典型产品厚度为0.30~8.00 mm，产品主要有O、T4P、T6等状态。不同牌号或状态的板、带材产品力学性能存在较大差异，典型状态与性能见表1-2。

表1-2　汽车用铝及铝合金板、带材典型状态与性能

牌号	供货状态	试样状态	室温拉伸力学性能									备注
			拉伸性能极限值					典型值				
			产品标准	厚度	抗拉强度 R_m	规定非比例延伸强度 $R_{p0.2}$	断后伸长率 $A_{50\ mm}$	厚度	抗拉强度 R_m	规定非比例延伸强度 $R_{p0.2}$	断后伸长率① $A_{50\ mm}$	
				mm	MPa		%	mm	MPa		%	
5182	O	O	GB/T 33227—2016	0.70~1.50	≥250	110~150	≥23	0.90	270	126	24.0	建议 R_m：≥260 MPa，$R_{p0.2}$：110~150 MPa，$A_{50\ mm}$：≥23%
								1.00	271	125	23.0	
								1.10	270	124	24.0	
								1.20	271	128	24.0	
			—	>1.50~3.00	255~315	≥110	≥13	2.00	269	132	25.0	—
								2.50	275	136	25.0	
								3.00	272	131	26.0	
5754	O	O	GB/T 33227—2016	0.70~1.50	≥200	90~130	≥20	0.90	228	110	23.0	建议 R_m：≥220 MPa，$R_{p0.2}$：90~130 MPa，$A_{50\ mm}$：≥21%
								1.00	230	108	24.0	
			—	>1.50~3.00	190~240	≥80	≥16	2.00	225	106	25.0	—
								2.50	228	115	24.0	
				>3.00~6.00				5.00	217	115	24.0	
6005A	T4P	T4P		0.70~1.50	≥200	90~130	≥24	0.90	206	96	26	
								1.25	202	97	26	
6101	T63	T63		>4.50~6.00	≥185	≥150	≥10	5.00	201	175	16.0	
				>6.00~12.50				8.00	200	173	11.5	

续表 1-2

牌号	供货状态	试样状态	室温拉伸力学性能									备注
			拉伸性能极限值					典型值				
			产品标准	厚度	抗拉强度 R_m	规定非比例延伸强度 $R_{p0.2}$	断后伸长率 $A_{50\ mm}$	厚度	抗拉强度 R_m	规定非比例延伸强度 $R_{p0.2}$	断后伸长率[①] $A_{50\ mm}$	
				mm	MPa	MPa	%	mm	MPa	MPa	%	
6111	T4	T4	—	>1.50~3.00	≥250	115~170	≥18	1.20	272	146	27.0	—
								2.00	272	146	25.5	
								3.00	266	137	24.5	
	T4P	T4P		>1.50~3.00				1.20	281	144	26.5	也可用作电池托盘
								3.00	295	162	26.0	
6014	T4P	T4P	GB/T 33227—2016	0.70~1.50	≥175	90~130	≥23	0.90	201	102	25.0	也可用作轮毂，建议 R_m：≥200 MPa
6016	T4	T4	—	0.40~3.00	170~250	80~140	≥24	1.00	225	117	27.0	—
								2.00	216	116	25.0	
								3.00	210	111	26.0	
	T4P	T4P	GB/T 33227—2016	0.70~1.50	≥200	100~150	≥19	0.90	207	106	25.5	建议 $R_{p0.2}$：90~130 MPa，$A_{50\ mm}$：≥23%
								1.00	210	105	26.0	
								1.20	205	106	26.5	
			—	1.50~3.00		90~140	≥23	2.00	206	101	26.5	—
				>3.00~6.00				5.00	213	119	26.5	
	T6	T6		0.40~3.00	260~300	180~260	≥10	1.50	342	301	12.0	
				>3.00~6.00				4.80	336	292	12.0	
	T61	T61		0.40~3.00	200~290	≥140	≥8	2.70	249	218	10.5	

注：在本表中，5×××系试样方向为纵向，6×××系试样方向为横向。

① 制样或测试方法的微小差异，可能导致伸长率测试结果偏离。

1.3 船用铝及铝合金板、带材

船用铝及铝合金板、带材主要应用于船舶和海工装备领域，用作生产船体、舷侧、上层建筑等部位的船体材料。船用铝及铝合金板、带材对晶间腐蚀和抗剥落腐蚀性能有特殊要求。船用铝及铝合金板、带材常用牌号为5×××系，典型产品厚度为3.00~50.00 mm，产品状态为H116、H321，典型状态与性能见表1-3。

表1-3 船用铝及铝合金板、带材典型状态与性能

<table>
<tr><th rowspan="5">牌号</th><th rowspan="5">供货状态</th><th rowspan="5">试样状态</th><th colspan="11">室温拉伸力学性能</th><th rowspan="5">备注</th></tr>
<tr><th colspan="6">拉伸性能极限值</th><th colspan="5">典型值</th></tr>
<tr><th rowspan="3">产品标准</th><th rowspan="2">厚度</th><th rowspan="2">抗拉强度 R_m</th><th rowspan="2">规定非比例延伸强度 $R_{p0.2}$</th><th colspan="2">断后伸长率</th><th rowspan="2">厚度</th><th rowspan="2">抗拉强度 R_m</th><th rowspan="2">规定非比例延伸强度 $R_{p0.2}$</th><th colspan="2">断后伸长率[①]</th></tr>
<tr><th>$A_{50\ mm}$</th><th>$A_{5.65}$</th><th>$A_{50\ mm}$</th><th>$A_{5.65}$</th></tr>
<tr><th>mm</th><th colspan="2">MPa</th><th colspan="2">%</th><th>mm</th><th colspan="2">MPa</th><th colspan="2">%</th></tr>
<tr><td rowspan="14">5083</td><td rowspan="14">H116</td><td rowspan="14">H116</td><td rowspan="14">GB/T 22641—2020</td><td rowspan="14">3.00~50.00</td><td rowspan="14">≥305</td><td rowspan="14">≥215</td><td rowspan="14">≥10</td><td rowspan="14">≥10</td><td>3.00</td><td>329</td><td>236</td><td>13.0</td><td rowspan="7">—</td><td rowspan="14">试样方向为横向</td></tr>
<tr><td>4.00</td><td>335</td><td>242</td><td>14.0</td></tr>
<tr><td>5.00</td><td>343</td><td>243</td><td>17.0</td></tr>
<tr><td>6.00</td><td>329</td><td>239</td><td>19.0</td></tr>
<tr><td>8.00</td><td>323</td><td>232</td><td>19.0</td></tr>
<tr><td>10.00</td><td>330</td><td>231</td><td>20.0</td></tr>
<tr><td>12.00</td><td>323</td><td>237</td><td>17.5</td></tr>
<tr><td>16.00</td><td>330</td><td>241</td><td rowspan="7">—</td><td>16.0</td></tr>
<tr><td>20.00</td><td>328</td><td>239</td><td>15.5</td></tr>
<tr><td>25.00</td><td>322</td><td>239</td><td>15.5</td></tr>
<tr><td>30.00</td><td>326</td><td>233</td><td>15.0</td></tr>
<tr><td>40.00</td><td>320</td><td>236</td><td>15.0</td></tr>
<tr><td>50.00</td><td>325</td><td>242</td><td>15.0</td></tr>
</table>

续表 1-3

牌号	供货状态	试样状态	室温拉伸力学性能											备注
			拉伸性能极限值						典型值					
			产品标准	厚度	抗拉强度 R_m	规定非比例延伸强度 $R_{p0.2}$	断后伸长率 $A_{50\ mm}$	断后伸长率 $A_{5.65}$	厚度	抗拉强度 R_m	规定非比例延伸强度 $R_{p0.2}$	断后伸长率[①] $A_{50\ mm}$	断后伸长率[①] $A_{5.65}$	
				mm	MPa	MPa	%	%	mm	MPa	MPa	%	%	
5083	H321	H321	GB/T 22641—2020	3.00~50.00	305~385	≥215	≥12	≥10	3.00	331	237	13.0	—	试样方向为横向
									4.00	337	231	14.5		
									6.00	330	237	17.0		
									8.00	330	240	17.5		
									12.00	336	233	15.0		
									15.00	325	242	—	15.0	
									20.00	326	237		15.5	
									50.00	318	237		19.5	试样方向为纵向，数据较少
5383	H116	H116		3.00~50.00	≥330	≥230	≥10	≥10	4.00	335	243	19.0	—	试样方向为横向
									8.00	343	232	20.0		
									26.00	348	239	—	18.0	
5086	H116	H116		>3.00~6.00	≥275	≥195	≥8	—	4.78	313	244	18.5	—	试样方向为横向，数据极少
				>6.00~50.00			≥10	≥10	6.35	312	234	20.0		
									12.70	322	240	—	22.5	
									25.40	335	253		15.0	

① 制样或测试方法的微小差异，可能导致伸长率测试结果偏离。

1.4　罐车用铝及铝合金板、带材

铝合金罐车多用于盛装丙酮、苯类、汽柴油、煤油、冰醋酸等产品，罐车用铝及铝合金板、带材常用在罐体、封头、隔板等部位。铝合金延展性优良，同时具有良好的导电性，能较好地避免油品热胀冷缩带来的爆炸，且有效减少静电在罐体上的聚集，消除火灾或爆炸隐患。

罐车用铝及铝合金板、带材常用牌号为5×××系，典型产品厚度为3.00~12.00 mm，产品状态为O、H111态，典型状态与性能见表1-4。

表1-4　罐车用铝及铝合金板、带材典型状态与性能

<table>
<tr><th rowspan="5">牌号</th><th rowspan="5">供货状态</th><th rowspan="5">试样状态</th><th colspan="11">室温拉伸力学性能</th><th rowspan="5">备注</th></tr>
<tr><th colspan="6">拉伸性能极限值</th><th colspan="5">典型值</th></tr>
<tr><th rowspan="3">产品标准</th><th rowspan="2">厚度</th><th rowspan="2">抗拉强度 R_m</th><th rowspan="2">规定非比例延伸强度 $R_{p0.2}$</th><th colspan="2">断后伸长率</th><th rowspan="2">厚度</th><th rowspan="2">抗拉强度 R_m</th><th rowspan="2">规定非比例延伸强度 $R_{p0.2}$</th><th colspan="2">断后伸长率[①]</th></tr>
<tr><th>$A_{50\ mm}$</th><th>$A_{5.65}$</th><th>$A_{50\ mm}$</th><th>$A_{5.65}$</th></tr>
<tr><th>mm</th><th colspan="2">MPa</th><th colspan="2">%</th><th>mm</th><th colspan="2">MPa</th><th colspan="2">%</th></tr>
<tr><td rowspan="2">5083</td><td rowspan="2">O、H111</td><td rowspan="2">O、H111</td><td rowspan="2">GB/T 33881—2017</td><td>>3.00~6.00</td><td rowspan="2">290~370</td><td rowspan="2">≥145</td><td rowspan="2">≥17</td><td>—</td><td>5.00</td><td>293</td><td>152</td><td>21.0</td><td>—</td><td>建议 R_m：275~350 MPa，$R_{p0.2}$：≥125 MPa，$A_{50\ mm}$：≥15%</td></tr>
<tr><td>>6.00~12.00</td><td>—</td><td>8.00</td><td>293</td><td>162</td><td>22.0</td><td>20.0</td><td>建议 R_m：275~350 MPa，$R_{p0.2}$：≥125 MPa</td></tr>
</table>

① 制样或测试方法的微小差异，可能导致伸长率测试结果偏离。

1.5　新能源汽车电池用铝及铝合金板、带材

新能源动力电池壳及盖用铝及铝合金板、带材，主要用于方形锂离子电池的电芯外壳和盖板，其不仅具有良好的强度、塑性组

合，而且具有良好的激光焊接性能，可保障锂电池的耐久性。新能源动力电池壳及盖用铝及铝合金板、带材对制耳率、杯突值、激光焊接性能有特殊要求。主要牌号为3×××系，如3003和3005，典型产品厚度为0.60~4.00 mm，宽度为70~2000 mm。通常O态、H态应用于电芯的壳体，H18态应用于电芯的盖板。新能源汽车电池用铝及铝合金板、带材典型状态与性能见表1-5。

表1-5　新能源汽车电池用铝及铝合金板、带材典型状态与性能

牌号	供货状态	试样状态	室温拉伸力学性能									备注
			拉伸性能极限值					典型值				
			产品标准	厚度	抗拉强度 R_m	规定非比例延伸强度 $R_{p0.2}$	断后伸长率 $A_{50\ mm}$	厚度	抗拉强度 R_m	规定非比例延伸强度 $R_{p0.2}$	断后伸长率[①] $A_{50\ mm}$	
				mm	MPa		%	mm	MPa		%	
1060	O	O	—	0.50~1.50	60~100	≥15	≥25	1.00	75	32	44.5	—
	H18	H18		>0.20~0.50	145~220	135~210	≥1	0.24	165	150	3.1	电池铝箔坯料
				1.50~3.00	≥125	≥85	≥4	3.00	141	130	11.0	—
3003	H14	H14	GB/T 33824—2017	0.60~1.50	140~175	≥125	≥4	1.00	148	136	10.5	
								1.20	151	136	10.5	
8014	H32	H32	—	>0.20~0.50	95~120	30~60	≥32	0.50	98	31	32.0	

① 制样或测试方法的微小差异，可能导致伸长率测试结果偏离。

1.6　印刷版基用铝及铝合金板、带材

印刷版铝板基，经电解、阳极氧化后，表面形成均匀的砂目，上面再均匀地涂上感光层，制版设备直接将需要印刷的图文部分投射到感光层上，使其曝光，利用曝光部分和未曝光部分亲油墨和亲水的区别，实现印刷，也称为平版印刷。印刷版铝板基广泛用于阳图版、阴图版、热敏CTP版、光敏CTP版、UV-CTP版，以及当前最为环保的免处理版等胶印用版材的制备。印刷版基用铝及铝合金板、带材常用牌号为1×××系，典型产品厚度为0.14~0.40 mm，产品状态为H18态，抗拉强度范围为145~220 MPa。印刷版基用铝及

铝合金板、带材典型照片见图1-1。印刷版基用铝及铝合金板、带材典型状态与性能见表1-6。

图1-1 印刷版基用铝及铝合金板、带材典型照片
（厦门厦顺铝箔有限公司提供）

表1-6 印刷版基用铝及铝合金板、带材典型状态与性能

牌号	供货状态	试样状态	室温拉伸力学性能									备注
			拉伸性能极限值					典型值				
			产品标准	厚度	抗拉强度 R_m	规定非比例延伸强度 $R_{p0.2}$	断后伸长率 $A_{50\ mm}$	厚度	抗拉强度 R_m	规定非比例延伸强度 $R_{p0.2}$	断后伸长率① $A_{50\ mm}$	
				mm	MPa		%	mm	MPa		%	
1050	H18	H18	GB/T 32183—2015	>0.20~0.50	145~220	135~210	≥1	0.273	175	171	2.0	—
1060								0.240	165	150	3.1	
1110								0.265	186	180	1.8	

注：在本表中，1×××系试样方向为纵向。

① 制样或测试方法的微小差异，可能导致伸长率测试结果偏离。

1.7 拉深罐用铝合金板、带、箔材

拉深罐用铝合金板、带、箔材主要用于生产盛装软饮料、茶饮料、功能饮料、蛋白质饮料及啤酒的易拉罐、瓶罐等。铝制易拉罐

或瓶罐重量轻、体积小、不易破碎、便于携带且不易被酸腐蚀，而且罐体易于成型，制造成本相对低廉。拉深罐用铝合金板、带、箔材常用牌号为3×××系、5×××系和8×××系，典型产品厚度为0.240~0.280 mm，产品状态为H19态，抗拉强度范围为280~330 MPa。拉深罐用铝合金板、带、箔材典型状态与性能见表1-7。

表1-7　拉深罐用铝合金板、带、箔材典型状态与性能

牌号	供货状态	试样状态	室温拉伸力学性能									备注
			拉伸性能极限值					典型值				
			产品标准	厚度	抗拉强度 R_m	规定非比例延伸强度 $R_{p0.2}$	断后伸长率 $A_{50\,mm}$	厚度	抗拉强度 R_m	规定非比例延伸强度 $R_{p0.2}$	断后伸长率① $A_{50\,mm}$	
				mm	MPa		%	mm	MPa		%	
3104	H24、H44	H24、H44	GB/T 40319—2021	0.160~0.560	200~240	160~220	≥4	0.478	228	204	9.0	—
	H26、H46	H26、H46		0.160~0.300	220~265	180~255		0.220	233	212	8.1	
	H38、H48	H38、H48			255~300	220~280		0.220	270	244	5.3	
	H19、H39	H19、H39		0.160~0.450	280~330	255~310		0.259	302	277	5.8	
3105	H34	H34		0.200~0.260	150~190	120~160	≥3	0.230	170	143	8.2	
	H19	H19			220~270	210~260	≥1	0.230	259	248	3.0	
5042	H24、H44	H24、H44		0.210~0.300	260~310	190~240	≥5	0.213	301	230	13.4	
	H48	H48		0.210~0.510	320~370	270~320		0.246	339	302	8.0	
	H19	H19			330~400	300~370	≥4	0.246	374	342	6.2	
5052	H24、H44	H24、H44		0.180~0.300	240~280	190~240	≥5	0.254	256	214	12.2	
	H48	H48			280~330	260~310		0.250	301	274	7.6	
	H19、H39	H19、H39			300~360	270~340	≥4	0.240	328	319	6.3	
5151	H38	H38		0.200~0.260	205~225	165~185		0.250	217	184	7.4	
5182	H48	H48		0.200~0.510	370~420	320~380	≥5	0.208	398	335	7.2	
	H19	H19			400~480	370~440		0.208	441	408	6.0	
	H39	H39		0.180~0.300	400~480	370~440		0.208	441	408	6.0	
8011	H16	H16		0.200~0.260	130~165	110~150	≥2	0.210	147	136	3.3	

① 制样或测试方法的微小差异，可能导致伸长率测试结果偏离。

1.8 深冲用铝及铝合金板、带材

深冲用铝及铝合金板、带材成型性、冲压性好，广泛应用在汽车冲压件及铝容器、灯罩、电饭锅内胆、电容器壳等方面。深冲用铝及铝合金板、带材常用牌号为1×××系、3×××系、5×××系及8×××系，典型厚度为0.21~4.00 mm，抗拉强度范围为55~285 MPa，典型状态与性能见表1-8。

表1-8 深冲用铝及铝合金板、带材典型状态与性能

牌号	状态	室温拉伸力学性能									备注
		拉伸性能极限值					典型值				
		产品标准	厚度	抗拉强度 R_m	规定非比例延伸强度 $R_{p0.2}$	断后伸长率 $A_{50\ mm}$	厚度	抗拉强度 R_m	规定非比例延伸强度 $R_{p0.2}$	断后伸长率[①] $A_{50\ mm}$	
			mm	MPa		%	mm	MPa		%	
1070	O	YS/T 688—2024	>0.20~0.30	55~85	—	≥17	0.22	66	—	32.0	散热翅片
			>0.30~0.50			≥20	0.35	65		40.0	
	H12 H22		>0.20~0.30	70~95		≥4	0.21	80		6.0	
			>0.30~0.50			≥6	0.40	88		11.0	
			>0.50~0.80			≥8	0.55	84		13.0	工业器具
			>0.80~1.30		≥55	≥10	1.20	89	68	14.0	
			>1.30~2.00			≥12	1.80	86	70	17.0	
	H14 H24		>0.20~0.30	85~115	—	≥1	0.25	98	—	5.0	散热翅片
			>0.30~0.50			≥2	0.40	100		7.0	
			>0.80~1.30		≥65	≥4	1.20	102	87	9.0	工业容器
			>1.30~2.00			≥5	1.50	92	79	11.0	

续表 1-8

牌号	状态	室温拉伸力学性能									备注
		拉伸性能极限值					典型值				
		产品标准	厚度	抗拉强度 R_m	规定非比例延伸强度 $R_{p0.2}$	断后伸长率 $A_{50\ mm}$	厚度	抗拉强度 R_m	规定非比例延伸强度 $R_{p0.2}$	断后伸长率① $A_{50\ mm}$	
			mm	MPa		%	mm	MPa		%	
1070	H16 H26	YS/T 688—2024	>0.20~0.30	95~130	≥75	≥1	0.25	108	101	4.0	散热翅片
			>0.30~0.50				0.32	106	100	5.2	
			>0.50~0.80			≥2	0.60	103	97	6.0	工业容器
			>0.80~1.30			≥3	1.00	112	103	6.0	
			>1.30~2.00			≥4	1.80	115	108	7.0	
1070A	O		>0.20~0.30	55~85	—	≥17	0.21	63	—	35.0	散热翅片
			>0.30~0.50			≥20	0.33	67		38.0	
			>0.80~1.30		≥15	≥30	1.00	69	27	39.0	工业器具
			>1.30~2.00			≥35	1.50	71	30	40.0	
	H12 H22		>0.20~0.30	70~95	—	≥4	0.22	83	—	7.0	散热翅片
			>0.30~0.50			≥6	0.35	84		12.0	
			>0.50~0.80			≥8	0.60	88		11.0	工业器具
			>0.80~1.30		≥55	≥10	1.00	86	70	13.0	
			>1.30~2.00			≥12	1.50	91	75	15.0	
	H14 H24		>0.20~0.30	85~115	—	≥1	0.24	106	—	4.0	散热翅片
			>0.30~0.50			≥2	0.40	102		5.0	
			>0.80~1.30		≥65	≥4	1.00	100	81	10.0	工业容器
			>1.30~2.00			≥5	1.50	112	87	9.0	

续表 1-8

牌号	状态	室温拉伸力学性能									备注
		拉伸性能极限值					典型值				
		产品标准	厚度	抗拉强度 R_m	规定非比例延伸强度 $R_{p0.2}$	断后伸长率 $A_{50\,mm}$	厚度	抗拉强度 R_m	规定非比例延伸强度 $R_{p0.2}$	断后伸长率[1] $A_{50\,mm}$	
			mm	MPa		%	mm	MPa		%	
1070A	H16 H26	YS/T 688—2024	>0.20~0.30	95~130	≥75	≥1	0.24	114	108	4.0	散热翅片
			>0.30~0.50				0.40	115	100	4.0	
			>0.50~0.80			≥2	0.60	120	109	5.0	工业器具
			>0.80~1.30			≥3	1.00	118	103	5.0	工业容器
			>1.30~2.00			≥4	1.50	123	116	6.0	
1060	O		>0.20~0.30	55~95	—	≥17	0.25	62	26	23.0	散热翅片
			>0.80~1.30		≥15	≥30	1.20	71	28	45.0	工业容器
			>1.30~2.00			≥35	1.50	71	35	43.0	
	H12 H22		>0.20~0.30	70~130	—	≥4	0.25	124	—	5.0	散热翅片
			>0.30~0.50		—	≥6	0.45	92		11.0	
			>0.50~0.80			≥8	0.55	100		10.0	工业器具
			>0.80~1.30		≥55	≥10	1.20	108	99	14.0	工业容器
			>1.30~2.00			≥12	1.50	110	105	15.0	
	H14 H24		>0.20~0.30	85~140	—	≥2	0.25	104	—	5.0	散热翅片
			>1.30~2.00		≥65	≥6	1.5	105	135	7.0	壳体
	H16 H26		>0.20~0.30	95~150	≥75	≥1	0.25	126	115	2.0	散热翅片
			>0.30~0.50			≥2	0.35	142	131	9.0	
			>0.50~0.80				0.60	133	119	7.0	工业器具

续表 1-8

牌号	状态	室温拉伸力学性能									备注
		拉伸性能极限值					典型值				
		产品标准	厚度	抗拉强度 R_m	规定非比例延伸强度 $R_{p0.2}$	断后伸长率 $A_{50\ mm}$	厚度	抗拉强度 R_m	规定非比例延伸强度 $R_{p0.2}$	断后伸长率[①] $A_{50\ mm}$	
			mm	MPa		%	mm	MPa		%	
1050	O	YS/T 688—2024	>0.80~1.30	60~90	≥20	≥30	1.00	76	26	39.0	汽车隔热罩
			>1.30~2.00			≥35	1.50	76	42	37.0	
1035	O		>2.00~4.00	60~105	—	≥30	2.50	79	41	46.0	工业器具
1100	O		>0.30~0.50	75~110	≥25	≥20	0.35	90	35	38.0	散热翅片
			>0.50~0.80			≥28	0.60	84	33	36.0	工业器具
			>0.80~1.30			≥30	1.00	92	31	47.0	
			>1.30~2.00			≥35	1.50	88	31	48.0	
	H12 H22		>0.50~0.80	95~130	≥75	≥5	0.55	104	86	6.0	
			>0.80~1.30			≥6	1.00	113	100	8.0	
	H14 H24		>0.80~1.30	110~150	≥95	≥4	1.20	135	128	11.0	
	H16 H26		>0.80~1.30	130~165	≥115	≥3	1.00	151	143	5.0	
1200	O		>0.20~0.30	75~110	≥25	≥15	0.25	79	34	20.0	散热翅片
			>0.30~0.50			≥20	0.35	87	36	25.0	
			>0.50~0.80			≥28	0.60	89	33	35.0	工业器具
			>0.80~1.30			≥30	1.00	82	38	38.0	
			>1.30~2.00			≥35	1.50	85	39	44.0	

续表 1-8

牌号	状态	室温拉伸力学性能									备注
		拉伸性能极限值					典型值				
		产品标准	厚度	抗拉强度 R_m	规定非比例延伸强度 $R_{p0.2}$	断后伸长率 $A_{50\ mm}$	厚度	抗拉强度 R_m	规定非比例延伸强度 $R_{p0.2}$	断后伸长率[①] $A_{50\ mm}$	
			mm	MPa		%	mm	MPa		%	
1200	H12 H22	YS/T 688—2024	>0.20~0.30	95~130	≥75	≥2	0.25	116	101	5.0	散热翅片
			>0.30~0.50			≥3	0.35	121	109	6.0	
	H14 H24		>0.30~0.50	110~150	≥95	≥2	0.35	136	121	4.0	
			>0.50~0.80			≥3	0.60	137	128	5.0	工业器具
			>0.80~1.30			≥4	1.00	128	113	7.0	
	H16 H26		>0.20~0.50	130~165	≥115	≥1	0.22	146	138	2.0	散热翅片
			>0.50~0.80			≥2	0.80	142	130	3.0	工业器具
			>0.80~1.30			≥3	1.00	149	141	6.0	壳体
			>1.30~2.00			≥4	1.60	155	147	8.0	
3003	H12 H22		>0.20~0.30	120~150	≥90	≥2	0.21	131	118	6.0	散热翅片
			>0.30~0.50			≥3	0.50	128	112	6.0	
	H14 H24		>0.80~1.30	140~170	≥125	≥4	1.20	157	150	5.0	工业器具
			>1.30~2.00			≥5	1.70	150	138	6.0	
3005	O		>0.20~0.50	115~165	≥45	≥18	0.50	140	65	25.0	汽车隔热罩
			>0.50~1.30			≥20	1.00	131	57	27.0	
			>1.30~2.00			≥22	1.40	139	68	29.0	
5005	O		>0.50~0.80	100~145	≥35	≥20	0.60	113	54	32.0	工业器具

续表 1-8

牌号	状态	室温拉伸力学性能									备注
		拉伸性能极限值					典型值				
		产品标准	厚度	抗拉强度 R_m	规定非比例延伸强度 $R_{p0.2}$	断后伸长率 $A_{50\ mm}$	厚度	抗拉强度 R_m	规定非比例延伸强度 $R_{p0.2}$	断后伸长率① $A_{50\ mm}$	
			mm	MPa		%	mm	MPa		%	
5A02	O	YS/T 688—2024	>0.20~0.50	165~225	≥65	≥15	0.40	188	—	18.0	工业容器
			>0.80~1.30			≥18	1.20	198		23.0	工业器具
			>1.30~2.00			≥20	1.50	189		25.0	
	H12 H22 H32		>0.20~0.50	215~265	≥130	≥5	0.35	228	166	11.0	工业容器
			>0.50~0.80			≥7	0.80	221	175	13.0	工业器具
			>0.80~1.30			≥8	1.20	236	179	14.0	
			>1.30~2.00			≥9	1.50	231	188	14.0	
	H24 H34		>0.20~0.50	235~285	—	≥3	0.35	250	—	6.0	工业容器
5052	O		>0.20~0.30	170~215	≥65	≥13	0.25	190	86	16.0	工业器具
			>0.30~0.50			≥15	0.40	193	89	21.0	
			>0.50~0.80			≥17	0.80	196	88	22.0	
			>0.80~1.30			≥18	1.00	198	89	21.0	工业器具
			>1.30~2.00			≥19	2.00	201	90	24.0	
	H12 H22 H32		>0.20~0.50	210~260	≥130	≥4	0.40	236	166	14.5	
			>1.30~2.00			≥7	1.50	233	176	14.0	
	H24 H34		>0.50~0.80	230~280	≥150	≥4	0.80	238	182	14.0	
			>0.80~1.30			≥4	1.00	245	210	11.0	
			>1.30~2.00			≥6	1.50	243	172	11.0	

续表 1-8

牌号	状态	室温拉伸力学性能									备注
		拉伸性能极限值					典型值				
		产品标准	厚度	抗拉强度 R_m	规定非比例延伸强度 $R_{p0.2}$	断后伸长率 $A_{50\ mm}$	厚度	抗拉强度 R_m	规定非比例延伸强度 $R_{p0.2}$	断后伸长率[①] $A_{50\ mm}$	
			mm	MPa		%	mm	MPa		%	
5754	O	YS/T 688—2024	1.00~2.00	200~235	100~130	≥20	1.25	216	116	22.0	汽车制动器
5182	O		1.00~2.00	265~300	110~160	≥20	1.35	275	123	26.0	
8A06	O		>0.20~0.50	59~108	—	≥25	0.25	76	—	26.0	工业器具
			>2.00~4.00			≥30	2.50	73	39	43.0	
8011	O		>0.30~0.50	80~110	≥30	≥20	0.40	109	56	25.0	
			>0.50~0.80			≥25	0.60	98	36	33.0	工业容器
			>0.80~1.30			≥30	1.20	100	38	35.0	
			>1.30~2.00			≥35	1.50	96	34	36.0	
	H12 H22		>0.50~0.80	95~130	—	≥4	0.60	108	—	15.0	
			>0.80~1.30			≥6	1.20	114		13.0	
			>1.30~2.00			≥8	1.80	111		17.0	
	H14 H24		>1.30~2.00	120~160	≥100	≥5	1.80	148	125	11.0	
	H16 H26		>0.50~0.80	140~180	—	≥2	0.60	165	—	4.0	工业器具
			>0.80~1.30			≥3	1.00	166		6.0	工业容器
			>1.30~2.00			≥4	1.80	158		5.0	
8011A	O		>0.20~0.30	80~110	≥30	≥15	0.21	91	34	23.0	散热翅片
			>0.30~0.50			≥20	0.40	89	43	26.0	工业器具
			>0.50~0.80			≥25	0.60	104	40	28.0	工业容器
			>0.80~1.30			≥30	1.20	100	39	34.0	
			>1.30~2.00			≥35	1.50	88	42	38.0	

续表 1-8

牌号	状态	室温拉伸力学性能									备注
		拉伸性能极限值					典型值				
		产品标准	厚度	抗拉强度 R_m	规定非比例延伸强度 $R_{p0.2}$	断后伸长率 $A_{50\ mm}$	厚度	抗拉强度 R_m	规定非比例延伸强度 $R_{p0.2}$	断后伸长率① $A_{50\ mm}$	
			mm	MPa		%	mm	MPa		%	
8011A	H12 H22	YS/T 688—2024	>0.20~0.30	95~130	—	≥2	0.21	111	—	9.0	散热翅片
			>0.30~0.50			≥3	0.50	107		12.0	工业器具
			>0.50~0.80			≥4	0.60	114		10.0	工业容器
			>0.80~1.30			≥6	1.20	109		14.0	
			>1.30~2.00			≥8	1.50	121		15.0	
	H14 H24		>0.20~0.30	120~160	≥100	≥1	0.21	145	125	2.0	散热翅片
			>0.30~0.50			≥2	0.50	129	119	4.0	工业器具
			>0.50~0.80			≥3	0.60	137	121	5.0	工业容器
			>0.80~1.30			≥4	1.20	142	128	5.0	
			>1.30~2.00			≥5	1.50	148	130	7.0	
	H16 H26		>0.20~0.50	140~180	—	≥1	0.21	167	—	2.0	散热翅片
			>0.50~0.80			≥2	0.60	160		4.0	工业器具
			>0.80~1.30			≥3	1.20	158		5.0	工业容器
			>1.30~2.00			≥4	1.60	171		6.0	

① 制样或测试方法的微小差异，可能导致伸长率测试结果偏离。

1.9　一般工业用铝及铝合金板、带材

铝及铝合金板、带材易回收，具有散热性能好，热膨胀系数小，耐蚀性能优良，抗冲击性能、抗震性能、耐腐蚀性能、抗低温性

能、吸声性能良好，对光和热的反射率高，疲劳韧性高等特性，广泛应用于包装器具、交通运输、建筑装饰、电子电器、机械装备等各个行业，可用于制作化妆品瓶盖、笔记本后盖、反射板、装饰品、天花板、橱柜家具、冰箱、热交换器、飞机部件等多种类产品。一般工业用铝及铝合金板、带材牌号涵盖 1×××、2×××、3×××、5×××、6×××、7×××、8×××等系列，产品厚度为 0.20~435.00 mm，产品状态涵盖了 O、H、T 的大部分细分状态。一般工业用铝及铝合金板、带材典型状态与性能见表 1-9。

表 1-9 一般工业用铝及铝合金板、带材典型状态与性能

牌号	供货状态	试样状态	室温拉伸力学性能											备注
			拉伸性能极限值						典型值					
			产品标准	厚度	抗拉强度 R_m	规定非比例延伸强度 $R_{p0.2}$	断后伸长率		厚度	抗拉强度 R_m	规定非比例延伸强度 $R_{p0.2}$	断后伸长率[①]		
							$A_{50\ mm}$	$A_{5.65}$				$A_{50\ mm}$	$A_{5.65}$	
				mm	MPa		%		mm	MPa		%		
1035	O	O	GB/T 3880.2—2024	>0.80~1.50	60~100	—	≥25	—	1.00	73	—	48.0	—	热轧开坯
	H112	H112		>6.00~30.00	≥70	≥30		≥30	12.00	87		45.0		
	H18	H18		>0.20~0.50	≥130	—	≥2	—	0.50	186		4.5		
1050	O	O		>0.20~0.50	60~100		≥20		0.40	69	28	36.0		
									0.50	71	—	30.4		铸轧开坯
				>0.50~0.80			≥25		0.70	75	29	39.2		
									0.80	74	—	39.8		热轧开坯
				>0.80~1.50		≥20			0.90	74		50.6		铸轧开坯
				>1.50~6.00			≥30		2.00	69	38	46.5		热轧开坯
									6.00	74	40	46.5		
	H111	H111		>1.50~6.00			≥28		2.00	70	43	46.5		
				>6.00~12.50					10.00	66	47	46.5		
				>12.50~30.00			—	≥30	14.00	60	47	—	46.5	
									30.00	78	61		45.5	

续表 1-9

牌号	供货状态	试样状态	室温拉伸力学性能											备注
			拉伸性能极限值						典型值					
			产品标准	厚度	抗拉强度 R_m	规定非比例延伸强度 $R_{p0.2}$	断后伸长率		厚度	抗拉强度 R_m	规定非比例延伸强度 $R_{p0.2}$	断后伸长率①		
							$A_{50\ mm}$	$A_{5.65}$				$A_{50\ mm}$	$A_{5.65}$	
				mm	MPa		%		mm	MPa		%		
1050	H112	H112	GB/T 3880.2—2024	>4.50~6.00	≥85	≥45	≥18	—	5.50	98	78	31.0	—	热轧开坯，卷式法生产
				>6.00~12.50	≥80		≥20		6.32	99	90	30.5		
				>12.50~25.00	≥70	≥35	—	≥25	20.00	93	75	—	35.0	热轧开坯，片式法生产，终轧温度高
				>25.00~40.00				≥30	35.00	87	69	—	47.0	热轧开坯
									40.00	86	69		53.0	
	H12	H12		>0.50~0.80	85~125	≥70	≥6	—	0.80	92	85	9.0	—	
	H22	H22		>1.50~3.00	80~125	≥65	≥10		1.96	100	—	21.5		
				>3.00~6.00			≥12		4.00	105	90	28.0		
	H14	H14		>0.50~0.80	95~140	≥75	≥3		0.80	118	116	11.0		
				>0.80~1.50			≥4		1.00	119	117	9.0		
									1.50	120	116	10.0		
				>1.50~3.00			≥5		1.60	119	115	10.5		
									2.00	119	115	11.0		
									3.00	117	114	10.5		
				>3.00~6.00			≥6		4.00	118	116	14.5		热轧开坯，试样方向为横向
									5.00	115	112	14.0		
	H24	H24		>0.20~0.50			≥4		0.30	116		24.8		铸轧开坯
				>0.50~0.80			≥6		0.60	113	—	21.5		热轧开坯
									0.80	112		21.5		
									0.70	126	109	15.5		

续表 1-9

牌号	供货状态	试样状态	室温拉伸力学性能											备注
			拉伸性能极限值					典型值						
			产品标准	厚度	抗拉强度 R_m	规定非比例延伸强度 $R_{p0.2}$	断后伸长率		厚度	抗拉强度 R_m	规定非比例延伸强度 $R_{p0.2}$	断后伸长率[①]		
							$A_{50\ mm}$	$A_{5.65}$				$A_{50\ mm}$	$A_{5.65}$	
				mm	MPa		%		mm	MPa		%		
1050	H24	H24	GB/T 3880.2—2024	>0.80~1.50	95~140	≥75	≥8	—	1.00	115	106	23.0	—	热轧开坯
									1.50	115	108	21.5		
				>1.50~3.00					2.00	116	107	20.0		
									3.00	117	110	24.5		
				>3.00~6.00			≥10		4.00	115	105	24.5		
									6.00	115	106	24.0		
	H16	H16		>0.20~0.50	120~150	≥85	≥1		0.26	135	—	3.5		
				>0.50~0.80			≥2		0.80	134	120	5.0		
				>0.80~1.50			≥3		1.00	125	113	5.5		
	H26	H26		>0.80~1.50					1.00	125	109	19.0		
									1.50	126	108	20.5		
				>1.50~4.00			≥5		2.00	124	107	22.0		
									3.00	126	106	19.0		
	H18	H18		>1.50~3.00	≥130	—	≥4		2.00	145	—	6.5		
	H19	H19		>0.20~0.50	≥140		≥1		0.23	158		3.0		铸轧开坯
1050A	O	O		>0.20~0.50	65~95	≥20	≥20		0.40	74	39	33.5		热轧开坯
	H111	H111		>12.50~80.00			—	≥32	15.00	91	70	—	35.5	
									25.00	82	62		43.5	
									50.00	76	55		53.0	
	H112	H112		>6.00~12.50	≥75	≥30	≥20	—	8.00	82	69	51.0	—	
				>12.50~80.00	≥70	≥25	—	≥25	20.00	80	50	—	41.0	

续表 1-9

牌号	供货状态	试样状态	室温拉伸力学性能											备注
			拉伸性能极限值						典型值					
			产品标准	厚度	抗拉强度 R_m	规定非比例延伸强度 $R_{p0.2}$	断后伸长率 $A_{50\ mm}$	断后伸长率 $A_{5.65}$	厚度	抗拉强度 R_m	规定非比例延伸强度 $R_{p0.2}$	断后伸长率[①] $A_{50\ mm}$	断后伸长率[①] $A_{5.65}$	
				mm	MPa	MPa	%	%	mm	MPa	MPa	%	%	
1050A	H22	H22	GB/T 3880.2—2024	>3.00~4.00	85~125	≥55	≥11	—	4.00	107	98	29.0	—	热轧开坯
	H14	H14		>0.50~1.50	105~145	≥85	≥2		1.50	125	124	9.0		
	H24	H24				≥75	≥4		1.00	120	115	13.0		
									1.50	123	115	10.5		
				>1.50~3.00			≥5		2.00	122	113	11.5		
				>3.00~4.00			≥8		4.00	115	114	13.0		
	H26	H26		>0.20~0.50	120~160	≥90	≥2		0.30	129	—	14.5		铸轧开坯
	H18	H18			≥140	≥120	≥1		0.22	157	148	1.5		热轧开坯
				>0.50~1.50			≥2		1.00	162	143	6.5		
				>1.50~3.00					2.00	150	139	7.5		
1060	O	O		>0.30~0.50	55~95	≥15	≥20		0.40	69	36	32.0		
				>0.50~1.50			≥25		0.80	74	35	46.0		
									1.50	69	36	45.5		
				>1.50~6.00			≥30		3.00	72	41	45.0		
									6.00	70	36	47.0		
				>6.00~12.50					10.00	57	36	45.1		
				>12.50~60.00			—	≥30	45.00	72	39	—	53.0	
	H112	H112		>6.00~12.50	≥75	≥40	≥20	—	9.00	91	72	46.5	—	

续表 1-9

牌号	供货状态	试样状态	室温拉伸力学性能											备注
			拉伸性能极限值						典型值					
			产品标准	厚度	抗拉强度 R_m	规定非比例延伸强度 $R_{p0.2}$	断后伸长率 $A_{50\ mm}$	断后伸长率 $A_{5.65}$	厚度	抗拉强度 R_m	规定非比例延伸强度 $R_{p0.2}$	断后伸长率[①] $A_{50\ mm}$	断后伸长率[①] $A_{5.65}$	
				mm	MPa		%		mm	MPa		%		
1060	H112	H112	GB/T 3880.2—2024	>6.00~12.50	≥75	≥40	≥20	—	11.00	91	72	48.0	—	试样方向为横向，热轧开坯
				>12.50~25.00	≥70	≥35	—	≥25	16.00	81	65	—	42.5	
									22.00	80	69		42.0	
				>25.00~40.00				≥30	34.00	86	63		45.5	
									40.00	79	53		46.5	
				>40.00~80.00	≥60	≥30			70.00	82	55		57.0	
	H12	H12		>0.50~1.50	80~120	≥60	≥6	—	1.50	91	82	14.0	—	热轧开坯
									0.99	103	96	23.0		连铸连轧开坯
	H22	H22		>1.50~7.00			≥12		2.00	105	93	24.0		连铸连轧开坯，阳极氧化用
									3.00		88	25.0		连铸连轧开坯
	H14	H14		>0.30~0.50	95~130	≥75	≥2		0.40		101	5.5		热轧开坯
									0.50		95	6.5		
				>0.50~0.80			≥3		0.60	101	94	6.5		
									0.70	101	94	7.5		
				>0.80~1.50			≥4		0.90	114	105	6.5		
									1.00	118	105	18.0		

续表 1-9

牌号	供货状态	试样状态	产品标准	室温拉伸力学性能										备注
				拉伸性能极限值					典型值					
				厚度	抗拉强度 R_m	规定非比例延伸强度 $R_{p0.2}$	断后伸长率		厚度	抗拉强度 R_m	规定非比例延伸强度 $R_{p0.2}$	断后伸长率[①]		
							$A_{50\ mm}$	$A_{5.65}$				$A_{50\ mm}$	$A_{5.65}$	
				mm	MPa		%		mm	MPa		%		
1060	H14	H14	GB/T 3880.2—2024	>3.00~6.00	95~130	≥75	≥10	—	6.00	101	100	19.5	—	试样方向为横向，热轧开坯
	H24	H24		>0.20~0.50		≥70	≥4		0.30	124	—	14.0		铸轧开坯
									0.40	123		14.0		
				>0.50~0.80			≥6		0.80	123	118	16.0		热轧开坯
				>0.80~1.50			≥8		1.00	118	113	16.5		
				>1.50~3.00			≥10		2.00	119	115	18.0		
									2.50	119	115	16.0		
				>3.00~6.00			≥12		4.00	120	114	17.5		
									6.00	120	114	17.0		
	H16	H16		>0.50~1.50	110~155	≥80	≥4		1.00	138	130	7.0		
									1.50	132	125	12.0	—	
				>1.50~4.00			≥5		2.40	134	126	12.5		
									2.95	133	125	14.0		

续表 1-9

牌号	供货状态	试样状态	室温拉伸力学性能											备注
			拉伸性能极限值						典型值					
			产品标准	厚度	抗拉强度 R_m	规定非比例延伸强度 $R_{p0.2}$	断后伸长率		厚度	抗拉强度 R_m	规定非比例延伸强度 $R_{p0.2}$	断后伸长率[1]		
							$A_{50\ mm}$	$A_{5.65}$				$A_{50\ mm}$	$A_{5.65}$	
				mm	MPa		%		mm	MPa		%		
1060	H26	H26	GB/T 3880.2—2024	>1.50~4.00	110~155	≥80	≥5	—	2.00	128	119	11.3	—	热轧开坯
									4.00	129	119	12.7		
	H18	H18		>0.20~0.30	≥125	≥85	≥1		0.24	161	150	3.1		
				>0.30~0.50			≥2		0.40	160	148	4.0		
				>0.50~1.50			≥3		0.80	155	143	6.5		
									1.00	165	—	5.2		连铸连轧开坯
				>1.50~3.00			≥4		2.50	160		6.6		
									2.50	148	136	14.0		热轧开坯
									3.00	148	135	13.0		
	H19	H19		>0.20~0.30	≥135	—	≥1		0.22	162	—	3.5		铸轧开坯
									0.27	171	151	4.0		
1070	O	O		>0.50~0.80	55~95	≥15	≥25		0.60	71	30	45.0		热轧开坯
				>0.80~1.50			≥30		0.90	69	34	42.5		
									1.00	74	28	43.5		
				>1.50~3.00			≥35		2.00	66	30	47.5		
									3.00	63	31	47.5		

续表 1-9

牌号	供货状态	试样状态	产品标准	室温拉伸力学性能										备注
				拉伸性能极限值					典型值					
				厚度	抗拉强度 R_m	规定非比例延伸强度 $R_{p0.2}$	断后伸长率		厚度	抗拉强度 R_m	规定非比例延伸强度 $R_{p0.2}$	断后伸长率①		
							$A_{50\ mm}$	$A_{5.65}$				$A_{50\ mm}$	$A_{5.65}$	
				mm	MPa		%		mm	MPa		%		
1070	H112	H112	GB/T 3880.2—2024	>4.50~6.00	≥75	≥35	≥20	—	5.00	103	86	35.0	—	热轧开坯
				>6.00~12.50	≥70				10.00	102	84	47.0		
				>12.50~25.00	≥60	≥25	—	≥25	16.00	96	76	—	47.5	
				>25.00~100.00	≥55	≥15		≥30	32.00	96	78		47.0	
	H14	H14		>0.50~0.80	85~120	≥65	≥3	—	0.60	100	96	6.0	—	
									0.50	102	95	5.0		
	H18	H18		>1.50~3.00	≥120	≥80	≥4		3.00	130	128	11.5		
				>3.00~6.00		—	≥5		5.00	134	—	14.0		
				>6.00~8.00	≥115		≥6		8.00	125		19.0		铸轧开坯
1070A	O	O		>0.50~1.50	60~90	≥15	≥25		0.60	77	36	41.0		热轧开坯
	H24	H24		0.50~1.50	100~140	≥60	≥6		1.20	103	92	7.8		镜面用铝，需方对该产品性能有特殊要求，热轧开坯
	H18	H18		>3.00~7.00	≥125	≥105	≥2		7.00	136	132	11.0		热轧开坯
1100	O	O		>0.30~0.60	75~105	≥25	≥17		0.33	85	—	29.3		铸轧开坯
				>0.60~1.20			≥22		0.70	83	31	35.5		热轧开坯
				>1.20~6.00			≥30		3.00	80	41	44.0		医疗器械，试样方向为横向，热轧开坯
									3.90	84	38	44.0		

续表 1-9

牌号	供货状态	试样状态	室温拉伸力学性能											备注
			拉伸性能极限值						典型值					
			产品标准	厚度	抗拉强度 R_m	规定非比例延伸强度 $R_{p0.2}$	断后伸长率 $A_{50\ mm}$	断后伸长率 $A_{5.65}$	厚度	抗拉强度 R_m	规定非比例延伸强度 $R_{p0.2}$	断后伸长率[①] $A_{50\ mm}$	断后伸长率[①] $A_{5.65}$	
				mm	MPa		%		mm	MPa		%		
1100	O	O	GB/T 3880.2—2024	>12.50~25.00	75~105	≥25	—	≥28	16.00	85	34	—	33.5	医疗器械，试样方向为横向，热轧开坯
				>25.00~40.00				≥30	40.00	85	47		36.5	
				>40.00~80.00					65.00	87	47		49.5	
	H112	H112		>6.00~12.50	≥90	≥50	≥12	—	6.32	96	80	25.0	—	热轧开坯
									9.50	97	84	—	36.5	
				>12.50~40.00	≥85	≥40	—	≥20	30.00	96	68		39.5	
				>40.00~80.00	≥80	≥30		≥25	70.00	89	56		49.0	
	H12	H12		>0.20~0.60	95~130	≥75	≥3	—	0.50	113	108	3.5	—	
				>1.20~6.00			≥8		5.00	114	100	14.5		医疗器械，热轧开坯
	H22	H22							5.88	117	111	15.0		
	H14	H14		>0.20~0.30	110~145	≥95	≥2		0.30	128	121	3.3		热轧开坯
				>0.30~0.60					0.51	128	117	4.0		热轧开坯
									0.42	125	—	7.0		铸轧开坯
				>0.60~1.20			≥3		0.70	125	116	6.5		热轧开坯
				>1.20~6.00			≥5		3.00	130	118	13.5		
	H24	H24		>0.30~0.60			≥2		0.42	122	—	7.0		
									0.60	122		14.2		铸轧开坯

续表 1-9

牌号	供货状态	试样状态	室温拉伸力学性能											备注
			拉伸性能极限值						典型值					
			产品标准	厚度	抗拉强度 R_m	规定非比例延伸强度 $R_{p0.2}$	断后伸长率		厚度	抗拉强度 R_m	规定非比例延伸强度 $R_{p0.2}$	断后伸长率[①]		
							$A_{50\ mm}$	$A_{5.65}$				$A_{50\ mm}$	$A_{5.65}$	
				mm	MPa		%		mm	MPa		%		
1100	H24	H24	GB/T 3880.2—2024	>0.60~1.20	110~145	≥95	≥3	—	1.00	121	—	5.5	—	热轧开坯
									0.70	124		12.4		铸轧开坯
									0.80	127		13.4		
				>1.20~6.00			≥5		5.00	116	105	7.0		热轧开坯
	H16	H16	GB/T 3880.2—2024	>1.20~6.00	130~165	≥115	≥4		2.50	136	118	7.5		
	H26	H26		>0.20~0.30			≥1		0.21	146	—	2.5		
				>0.30~0.60			≥2		0.40	146		4.0		
				>1.20~6.00			≥4		3.00	140		11.0		
	H18	H18		>0.20~0.30	≥150	—	≥1		0.22	177		4.4	—	铸轧开坯
									0.25	188	169	2.2		热轧开坯
									0.30	190	170	2.3		
				>0.30~0.60					0.38	177	—	2.0		
									0.38	160	150	7.1		铸轧开坯
									0.42	154	—	13.2		
				>0.60~1.20			≥2		0.80	173		4.6		热轧开坯
				>1.20~4.00			≥3		1.40	181		4.0		
	H19	H19		>0.20~0.60	≥160		≥1		0.22	197		3.6		铸轧开坯
									0.24	196		4.6		
									0.26	196		4.2		
									0.40	226		3.0		

续表 1-9

牌号	供货状态	试样状态	室温拉伸力学性能											备注
			拉伸性能极限值						典型值					
			产品标准	厚度	抗拉强度 R_m	规定非比例延伸强度 $R_{p0.2}$	断后伸长率		厚度	抗拉强度 R_m	规定非比例延伸强度 $R_{p0.2}$	断后伸长率①		
							$A_{50\ mm}$	$A_{5.65}$				$A_{50\ mm}$	$A_{5.65}$	
				mm	MPa		%		mm	MPa		%		
1145	H14	H14	GB/T 3880.2—2024	>0.20~0.30	95~150	—	≥1	—	0.24	132	—	3.6	—	铸轧开坯
1200	H112	H112		>12.50~80.00	≥80	≥30	—	≥20	15.00	89	56	—	36.0	热轧开坯
	H22	H22		>0.50~1.50	95~135	≥65	≥6	—	1.50	116	116	22.5	—	试样方向为横向，热轧开坯
				>1.50~3.00			≥8		2.00	115	115	10.0		医疗器械，试样方向为横向，热轧开坯
				>3.00~6.00			≥10		5.00	114	110	14.5		医疗器械，热轧开坯
	H14	H14		>0.20~0.50	115~155	≥95	≥1		0.30	136	128	2.5		热轧开坯
	H24	H24		>1.50~3.00		≥90	≥5		3.00	123	121	10.0		试样方向为横向，热轧开坯
				>3.00~6.00			≥7		6.00	117	111	14.5		热轧开坯
1235	H14	H14		>0.20~0.30	115~150	—	≥1	—	0.26	120	—	3.7		
									0.26	134		3.4		铸轧开坯
									0.26	133		3.5		连铸连轧开坯
									0.28	130		2.8		热轧开坯
				>0.30~0.50			≥2		0.40	126		3.4		
	H16	H16		>0.20~0.50	130~165		≥1		0.35	144		3.2		
	H18	H18		>0.20~0.50	≥145				0.40	179		3.2		

续表 1-9

牌号	供货状态	试样状态	产品标准	室温拉伸力学性能										备注
				拉伸性能极限值					典型值					
				厚度	抗拉强度 R_m	规定非比例延伸强度 $R_{p0.2}$	断后伸长率		厚度	抗拉强度 R_m	规定非比例延伸强度 $R_{p0.2}$	断后伸长率①		
							$A_{50\ mm}$	$A_{5.65}$				$A_{50\ mm}$	$A_{5.65}$	
				mm	MPa		%		mm	MPa		%		
1235	H18	H18		>0.50~1.50	≥145	—	≥2	—	0.52	150	—	4.7	—	铸轧开坯
1350	H12	H12		>12.50~30.00	≥75	≥30	—	≥22	12.70	87	72	—	35.5	
1A30	O	O		>0.20~1.00	65~85		≥28	—	1.00	82	—	47.0	—	
1A90	H112	H112		>12.50~20.00		—	—	≥19	20.00	74	62	—	34.5	
1A99	H112	H112		>6.00~12.50	≥60		≥14	—	8.00	90	—	19.0	—	
				>12.50~20.00			—	≥20	20.00	70		—	30.0	
2014	O	O		>3.00~6.00	≤220	≤110	≥16	—	4.50	160	87	24.0	—	
	T4	T4		>1.50~6.00	≥405	≥240	≥14		4.10	426	256	23.0		
	T651	T651	GB/T 3880.2—2024	>12.50~40.00	≥460	≥400	—	≥6	32.00	466	422	—	9.0	热轧开坯
2017	T3	T3		>0.50~1.60	≥390	≥250	≥14	—	1.50	434	279	19.5	—	
	T4	T4				≥245	≥14	—	1.50	432	290	20.0	—	
				>1.60~2.90			≥15		2.00	445	300	21.0		
				>2.90~6.00	≥390				4.00	435	296	19.0		
				>12.50~30.00		≥250	—	≥12	30.00	435	295	—	18.5	
	T451	T451		>25.00~40.00							293		20.5	
				>40.00~60.00	≥385	≥245			50.00	438	281		17.0	
				>60.00~80.00	≥370	≥240		≥7	80.00	426	282		9.0	

续表 1-9

牌号	供货状态	试样状态	室温拉伸力学性能											备注
			拉伸性能极限值						典型值					
			产品标准	厚度	抗拉强度 R_m	规定非比例延伸强度 $R_{p0.2}$	断后伸长率		厚度	抗拉强度 R_m	规定非比例延伸强度 $R_{p0.2}$	断后伸长率[①]		
							$A_{50\ mm}$	$A_{5.65}$				$A_{50\ mm}$	$A_{5.65}$	
				mm	MPa		%		mm	MPa		%		
包铝2017	T4	T4	GB/T 3880.2—2024	>0.50~1.60	≥355	≥195	≥15	—	1.00	374	244	20.0	—	热轧开坯
				>1.60~2.90			≥17		2.00	396	265	21.0		
				>2.90~6.00			≥15		6.00	429	258	20.5		
				>6.00~12.50			≥14		12.00	430	265			
2017A	T4	T4		>6.00~12.50	≥390	≥260	≥13		8.18	438	266	21.0		
									9.10					
				>12.50~40.00		≥250	—	≥12	15.25	450	303	—	20.5	
									40.00	452			18.5	
				>40.00~60.00	≥385	≥245			40.38	463	319			
									50.45	451	302			
	T451	T451		>12.50~40.00	≥390	≥250			30.00	435	295		19.0	
				>40.00~60.00	≥385	≥245			50.00	425				
				>60.00~80.00	≥370	≥240		≥7	80.00	420	290			
2219	O	O		>50.00~140.00	≤220	≤110		≥10	55.00	144	87		19.0	
									61.90	161	90		23.5	
									87.40		93		21.0	
									117.40	157	86		22.5	

续表 1-9

<table>
<tr><th rowspan="4">牌号</th><th rowspan="4">供货状态</th><th rowspan="4">试样状态</th><th rowspan="4">产品标准</th><th colspan="11">室温拉伸力学性能</th><th rowspan="4">备注</th></tr>
<tr><th colspan="5">拉伸性能极限值</th><th colspan="5">典型值</th></tr>
<tr><th rowspan="2">厚度</th><th rowspan="2">抗拉强度 R_m</th><th rowspan="2">规定非比例延伸强度 $R_{p0.2}$</th><th colspan="2">断后伸长率</th><th rowspan="2">厚度</th><th rowspan="2">抗拉强度 R_m</th><th rowspan="2">规定非比例延伸强度 $R_{p0.2}$</th><th colspan="2">断后伸长率[①]</th></tr>
<tr><th>$A_{50\ mm}$</th><th>$A_{5.65}$</th><th>$A_{50\ mm}$</th><th>$A_{5.65}$</th></tr>
<tr><th></th><th></th><th></th><th></th><th>mm</th><th colspan="2">MPa</th><th colspan="2">%</th><th>mm</th><th colspan="2">MPa</th><th colspan="2">%</th><th></th></tr>
<tr><td rowspan="18">2219</td><td rowspan="5">O</td><td rowspan="5">T62</td><td rowspan="18">GB/T 3880.2—2024</td><td>>1.00~6.00</td><td rowspan="9">≥370</td><td rowspan="9">≥250</td><td>≥7</td><td rowspan="2">—</td><td>2.00</td><td>440</td><td>325</td><td>16.0</td><td rowspan="2">—</td><td rowspan="18">热轧开坯</td></tr>
<tr><td>>6.00~12.50</td><td>≥8</td><td>8.50</td><td>441</td><td>305</td><td>19.5</td></tr>
<tr><td>>12.50~25.00</td><td rowspan="7">—</td><td>≥7</td><td>20.00</td><td rowspan="2">436</td><td>336</td><td rowspan="7">—</td><td>15.0</td></tr>
<tr><td>>25.00~50.00</td><td rowspan="2">≥6</td><td>30.00</td><td>295</td><td>17.0</td></tr>
<tr><td>>50.00~140.00</td><td>65.00</td><td>445</td><td>345</td><td>14.0</td></tr>
<tr><td rowspan="4">T1</td><td rowspan="4">T62</td><td>>12.50~25.00</td><td>≥7</td><td>16.00</td><td>452</td><td>322</td><td>19.0</td></tr>
<tr><td>>25.00~50.00</td><td rowspan="3">≥6</td><td>40.00</td><td>420</td><td>278</td><td>17.5</td></tr>
<tr><td rowspan="2">>50.00~140.00</td><td>95.00</td><td>440</td><td>325</td><td>14.0</td></tr>
<tr><td>100.00</td><td>433</td><td>294</td><td>15.0</td></tr>
<tr><td rowspan="5">T6</td><td rowspan="5">T6</td><td>>1.50~2.50</td><td>≥380</td><td>≥285</td><td rowspan="3">≥7</td><td rowspan="3">—</td><td>2.00</td><td>453</td><td>347</td><td>14.5</td><td></td></tr>
<tr><td rowspan="2">>2.50~12.50</td><td rowspan="3">≥425</td><td rowspan="3">≥315</td><td>6.00</td><td>464</td><td>395</td><td>12.5</td><td rowspan="2">—</td></tr>
<tr><td>12.00</td><td>463</td><td>383</td><td>12.0</td></tr>
<tr><td>>12.50~25.00</td><td rowspan="2">—</td><td>≥7</td><td>20.00</td><td>464</td><td>380</td><td rowspan="2">—</td><td>10.0</td></tr>
<tr><td>>25.00~200.00</td><td>≥370</td><td>≥250</td><td>≥6</td><td>150.00</td><td>436</td><td>350</td><td>10.5</td></tr>
<tr><td rowspan="3">T651</td><td rowspan="3">T651</td><td>>6.00~12.50</td><td rowspan="2">≥425</td><td rowspan="2">≥315</td><td>≥7</td><td>—</td><td>10.00</td><td>448</td><td>336</td><td>16.5</td><td>—</td></tr>
<tr><td>>12.50~25.00</td><td rowspan="3">—</td><td>≥7</td><td>25.00</td><td>454</td><td>363</td><td rowspan="3">—</td><td>12.0</td></tr>
<tr><td>>25.00~150.00</td><td>≥370</td><td>≥250</td><td rowspan="2">≥6</td><td>75.00</td><td>458</td><td>362</td><td rowspan="2">11.0</td></tr>
<tr><td>T81</td><td>T81</td><td>>6.00~25.00</td><td>≥425</td><td>≥315</td><td>20.00</td><td>464</td><td>380</td></tr>
</table>

续表 1-9

牌号	供货状态	试样状态	室温拉伸力学性能											备注
			拉伸性能极限值					典型值						
			产品标准	厚度	抗拉强度 R_m	规定非比例延伸强度 $R_{p0.2}$	断后伸长率 $A_{50\ mm}$	断后伸长率 $A_{5.65}$	厚度	抗拉强度 R_m	规定非比例延伸强度 $R_{p0.2}$	断后伸长率[①] $A_{50\ mm}$	断后伸长率[①] $A_{5.65}$	
				mm	MPa	MPa	%	%	mm	MPa	MPa	%	%	
2219	T87	T87	GB/T 3880.2—2024	>2.50~6.30	≥440	≥350	≥6	—	4.40	467	375	9.5	—	热轧开坯
									6.00	470	386	11.0		
				>6.30~12.50			≥7		6.40	465	379	11.5		
									10.00	459	373	11.0		
									12.00	453	380	9.0		
	T89A51	T89A51		>5.00~12.50			≥6		10.00	464	374	11.0		
				>12.50~35.00			—	≥6	22.00	464	373	—	10.5	
2024	O	O		>0.20~1.50	≤220	≤140	≥12	—	1.12	155	67	24.0	—	
									1.38	162	71	23.5		
									1.50	158	67			
				>1.50~3.00			≥13		1.68	161	74	23.0		
									1.80	166	79	22.5		
									1.87	162		23.5		
									2.40	160	70	22.5		
									3.00	163	77	22.0		
				>3.00~6.00					3.11	166	84	23.5		
									4.15	164	87	23.0		
									5.90	172	92	21.5		

续表 1-9

牌号	供货状态	试样状态	室温拉伸力学性能											备注
			拉伸性能极限值						典型值					
			产品标准	厚度	抗拉强度 R_m	规定非比例延伸强度 $R_{p0.2}$	断后伸长率 $A_{50\ mm}$	断后伸长率 $A_{5.65}$	厚度	抗拉强度 R_m	规定非比例延伸强度 $R_{p0.2}$	断后伸长率[①] $A_{50\ mm}$	断后伸长率[①] $A_{5.65}$	
				mm	MPa	MPa	%	%	mm	MPa	MPa	%	%	
2024	T351	T351	GB/T 3880.2—2024	>12.50~25.00	≥435	≥290	—	≥11	18.42	455	306	—	21.0	
				>25.00~40.00	≥430				30.00				20.5	
包铝2024	O	O		>0.25~1.60	≤205	≤95	≥12	—	0.92	159	66	23.0	—	热轧开坯
									1.12	158				
									1.38	160	63	23.5		
									1.50	158	67	22.5		
				>1.60~10.00	≤220				1.68	160	66	23.5		
									1.87	160	63	24.0		
									2.00	159	67	22.5		
									2.36	161	65	23.5		
									2.50	155	69	23.0		
									3.00	154	67			
									3.83	162	75	22.5		
									4.83	158	79	22.0		
2A11	T4	T4		>0.50~10.00	≥380	≥200	≥15		2.00	404	281	19.5		
									5.00	405	270	18.0		
									10.00	408	251	25.5		

续表 1-9

牌号	供货状态	试样状态	室温拉伸力学性能											备注
			拉伸性能极限值						典型值					
			产品标准	厚度	抗拉强度 R_m	规定非比例延伸强度 $R_{p0.2}$	断后伸长率 $A_{50\ mm}$	断后伸长率 $A_{5.65}$	厚度	抗拉强度 R_m	规定非比例延伸强度 $R_{p0.2}$	断后伸长率[1] $A_{50\ mm}$	断后伸长率[1] $A_{5.65}$	
				mm	MPa	MPa	%	%	mm	MPa	MPa	%	%	
包铝2A11	O	O	GB/T 3880.2—2024	>1.60~10.00	≤235	—	≥12	—	2.00	165	—	21.0	—	热轧开坯
									3.80	177	—	21.0	—	
									5.00	188	—	15.5	—	
	O	T42		>0.50~1.60	≥350	≥185	≥15	—	1.00	399	233	23.5	—	
				>1.60~10.00	≥355	≥195	≥15	—	2.50	386	219	25.5	—	
	T4	T4		>0.50~1.60	≥360	≥185	≥15	—	1.50	380	260	17.5	—	
				>1.60~10.00	≥370	≥195	≥15	—	5.00	397	272	19.0	—	
2A12	O	O		>0.50~4.50	≤215	—	≥14	—	2.50	175	—	22.5	—	
				>4.50~10.00	≤235	—	≥12	—	5.00	178	—	21.0	—	
	O	T42		>0.50~3.00	≥390	≥245	≥15	—	2.50	435	287	20.0	—	
				>3.00~10.00	≥410	≥265	≥12	—	4.00	440	290	20.0	—	
	T351	T351		>6.00~12.50	≥440	≥290	—	≥12	6.50	457	320	14.5	—	
	T4	T4		>0.50~10.00	≥425	≥270	≥12	—	3.00	454	319	19.5	—	
									5.00	448	325	18.5	—	
包铝2A12	O	O		>0.50~1.60	≤215	—	≥14	—	3.00	169	—	23.5	—	
				>1.60~10.00	≤235	—	≥12	—	6.00	171	—	22.0	—	
	T4	T4		>1.60~10.00	≥405	≥270	≥13	—	2.00	417	294	19.5	—	
	O	T42		>0.50~1.60	≥390	≥245	≥15	—	2.50	422	266	22.0	—	

续表 1-9

牌号	供货状态	试样状态	室温拉伸力学性能											备注
			拉伸性能极限值						典型值					
			产品标准	厚度	抗拉强度 R_m	规定非比例延伸强度 $R_{p0.2}$	断后伸长率		厚度	抗拉强度 R_m	规定非比例延伸强度 $R_{p0.2}$	断后伸长率[①]		
							$A_{50\ mm}$	$A_{5.65}$				$A_{50\ mm}$	$A_{5.65}$	
				mm	MPa		%		mm	MPa		%		
包铝2A12	O	T42	GB/T 3880.2—2024	>1.60~10.00	≥410	≥265	≥12	—	5.00	436	273	21.0	—	热轧开坯
2A14	O	O		0.50~10.00	≤245	—	≥10		7.75	177	90	23.0		
				>10.00~12.50	≤220		≥15		12.00		112	21.0		
				>12.50~30.00			—	≥13	30.00	171	113	—	21.0	
	T4	T4		0.50~3.00	≥390	≥240	≥7	—	2.80	404	260	18.0	—	
									3.00	402	253	20.0		
	T6	T6		>0.50~1.50	≥430	≥340	≥5		0.80	448	404	8.0		
				>1.50~3.00			≥6		2.00	449	395	9.0		
				>3.00~6.00			≥5		4.42	454	410	10.5		
				>6.00~12.50					6.10	477	427	11.0		
									10.00	465	414	12.0		
									12.00	459	414	10.5		
				>12.50~200.00			—	≥5	14.00	462	415	—	11.0	
									15.00	475	426		11.5	
									16.00	471	424		10.0	
									20.00	479	435		10.5	
									25.38	474	430		9.0	

续表 1-9

牌号	供货状态	试样状态	室温拉伸力学性能											备注
			拉伸性能极限值						典型值					
			产品标准	厚度	抗拉强度 R_m	规定非比例延伸强度 $R_{p0.2}$	断后伸长率		厚度	抗拉强度 R_m	规定非比例延伸强度 $R_{p0.2}$	断后伸长率[①]		
							$A_{50\ mm}$	$A_{5.65}$				$A_{50\ mm}$	$A_{5.65}$	
				mm	MPa		%		mm	MPa		%		
2A14	T6	T6	GB/T 3880.2—2024	>12.50~200.00	≥430	≥340	—	≥5	30.00	475	436	—	8.5	热轧开坯
									35.43	472	430		9.0	
									40.00	468	426		9.0	
									45.50	468	425		9.5	
									50.00	471	432		8.0	
									55.60	468	431		8.5	
									60.60	473	428		8.0	
									65.75	477	434		8.0	
									70.75	475	433		9.0	
									75.75	466	423		8.0	
									80.00	476	435		7.5	
									90.00	474	435		7.0	
									100.90	463	423		7.0	
									111.10	450	399		7.5	
									121.10	452	415		6.5	
									130.00	453	404		6.5	
	T651	T651		>6.00~12.50			≥5	—	9.00	465	424	10.0	—	
									12.00	468	431	11.0		

续表 1-9

牌号	供货状态	试样状态	产品标准	室温拉伸力学性能										备注
				拉伸性能极限值					典型值					
				厚度	抗拉强度 R_m	规定非比例延伸强度 $R_{p0.2}$	断后伸长率		厚度	抗拉强度 R_m	规定非比例延伸强度 $R_{p0.2}$	断后伸长率①		
							$A_{50\ mm}$	$A_{5.65}$				$A_{50\ mm}$	$A_{5.65}$	
				mm	MPa		%		mm	MPa		%		
2A14	T651	T651	GB/T 3880.2—2024	>12.50~140.00	≥430	≥340	—	≥5	13.00	468	431	—	—	热轧开坯
									14.00	468	423		11.0	
									17.00	472	422		10.5	
3102	H18	H18		>0.50~3.00	≥160	—	≥2	—	1.00	188	—	2.5	—	铸轧开坯
	H19	H19		>0.20~0.50	≥180		≥1		0.25	220		3.5		
3003	O	O			95~135	≥35	≥18		0.30	116	45	31.5		热轧开坯
				>0.50~1.50			≥23		0.60	107	41	34.0		
									0.80	95	40	38.0		连铸连轧开坯
									1.20	95	39	39.0		
									1.50	96	48	42.0		
									1.50	109	40	40.0		热轧开坯
				>1.50~3.00			≥25		1.80	110	48	40.0		
									2.10	97	48	43.0		连铸连轧开坯
									2.40	99	42	41.0		
									2.60	110	52	40.0		热轧开坯
				>3.00~6.00			≥28	—	3.50	110	66	39.0		连铸连轧开坯
									6.00	115	60	49.0		热轧开坯
				>6.00~12.50			≥30		8.00	117	59	50.0		

续表 1-9

牌号	供货状态	试样状态	室温拉伸力学性能											备注
			拉伸性能极限值						典型值					
			产品标准	厚度	抗拉强度 R_m	规定非比例延伸强度 $R_{p0.2}$	断后伸长率 $A_{50\ mm}$	断后伸长率 $A_{5.65}$	厚度	抗拉强度 R_m	规定非比例延伸强度 $R_{p0.2}$	断后伸长率[1] $A_{50\ mm}$	断后伸长率[1] $A_{5.65}$	
				mm	MPa	MPa	%	%	mm	MPa	MPa	%	%	
3003	O	O	GB/T 3880.2—2024	>12.50~25.00	95~135	≥35	—	≥23	15.00	119	51	—	44.0	热轧开坯
	H112	H112		6.00~12.50	≥115	≥70	≥15	—	6.00	166	131	28.0	—	
									10.00	155	113	34.0		
				>12.50~30.00	≥105	≥40	—	≥18	15.00	149	119	—	28.0	
									25.00	153	119		33.0	
	H22	H22		>0.50~1.50	120~160	≥80	≥8	—	1.50	144	91	16.0	—	
				>1.50~3.00					3.00	146	112	16.0		
	H14	H14		>0.20~0.50	145~195	≥125	≥2		0.30	181	173	5.0		铸轧开坯
									0.40	173	165	6.0		
									0.50	171	153	11.0		热轧开坯
									0.50	176	160	8.0		铸轧开坯
				>0.50~1.50			≥3		1.00	170	—	8.0		连铸连轧开坯
									1.00	176	168	6.5		热轧开坯
				>1.50~3.00			≥4		2.00	171	—	8.5		连铸连轧开坯
				>3.00~6.00					3.50	168	145	21.4		铸轧开坯
	H24	H24		>0.20~0.50		≥115			0.50	179	158	12.6		热轧开坯
									0.35	178	156	16.6		铸轧开坯
									0.40	184	162	11.9		

续表 1-9

牌号	供货状态	试样状态	室温拉伸力学性能											备注
			拉伸性能极限值						典型值					
			产品标准	厚度	抗拉强度 R_m	规定非比例延伸强度 $R_{p0.2}$	断后伸长率 $A_{50\ mm}$	断后伸长率 $A_{5.65}$	厚度	抗拉强度 R_m	规定非比例延伸强度 $R_{p0.2}$	断后伸长率[①] $A_{50\ mm}$	断后伸长率[①] $A_{5.65}$	
				mm	MPa		%		mm	MPa		%		
3003	H24	H24	GB/T 3880.2—2024	>0.20~0.50	145~195	≥115	≥4	—	0.30	181	—	11.0	—	连铸连轧开坯
				>0.50~1.50			≥6		0.58	182	161	16.9		热轧开坯
									0.58	182	161	16.7		铸轧开坯
									0.70	184	162	11.0		
									0.92	179	157	15.0		
				>1.50~3.00			≥7		1.50	186	163	12.0		热轧开坯
									1.60	178	153	16.2		铸轧开坯
									1.85	188	171	11.5		热轧开坯
									1.98	175	158	15.5		
									3.00	173	136	18.0		
				>3.00~6.00			≥8		3.09	174	149	10.5		
									4.00	179	149	20.0		
									4.50	173	147	22.0		铸轧开坯
	H16	H16		>0.20~0.50	170~210	≥140	≥2		0.25	204	—	3.0		
									0.28	192		12.6		
									0.30	199		2.0		
									0.40	199		9.4		
									0.45	201		11.2		

续表 1-9

牌号	供货状态	试样状态	室温拉伸力学性能											备注
			拉伸性能极限值						典型值					
			产品标准	厚度	抗拉强度 R_m	规定非比例延伸强度 $R_{p0.2}$	断后伸长率		厚度	抗拉强度 R_m	规定非比例延伸强度 $R_{p0.2}$	断后伸长率①		
							$A_{50\ mm}$	$A_{5.65}$				$A_{50\ mm}$	$A_{5.65}$	
				mm	MPa		%		mm	MPa		%		
3003	H16	H16	GB/T 3880.2—2024	>0.20~0.50	170~210	≥140	≥2	—	0.48	200	—	9.6	—	铸轧开坯
				>0.50~1.50			≥3		0.62	201		12.2		
									0.70	203		8.8		
	H26	H26		>0.20~0.50			≥2		0.30	194	171	12.4		
	H18	H18		>0.20~0.50	≥190	≥170			0.30	225	—	3.0		连铸连轧开坯
									0.30	207	195	5.8		铸轧开坯
									0.31	212	199	7.6		
									0.40	225	—	5.0		连铸连轧开坯
									0.50	219		3.5		
				>0.50~1.50					0.80	205	184	4.0		热轧开坯
				>1.50~3.00					2.00	208	185	7.5		
	H19	H19		>0.50~1.50	≥210	≥180			0.70	275	—	5.2		连铸连轧开坯
									1.00	271	237	2.0		热轧开坯
	H44	H44			150~200	≥120	≥6		1.20	171	151	8.1		铸轧开坯
	H46	H46		>0.20~1.50	160~210	≥130	≥4		0.50	179	165	15.0		热轧开坯
3004	O	O		>0.20~0.50	155~200	≥60	≥13		0.40	170	71	16.5		
				>0.50~1.50			≥15		0.60	177	74	20.5		
	H111	H111							1.00	174	73	20.3		

续表 1-9

牌号	供货状态	试样状态	产品标准	室温拉伸力学性能										备注
				拉伸性能极限值					典型值					
				厚度	抗拉强度 R_m	规定非比例延伸强度 $R_{p0.2}$	断后伸长率		厚度	抗拉强度 R_m	规定非比例延伸强度 $R_{p0.2}$	断后伸长率[①]		
							$A_{50\ mm}$	$A_{5.65}$				$A_{50\ mm}$	$A_{5.65}$	
				mm	MPa		%		mm	MPa		%		
3004	H22	H22	GB/T 3880.2—2024	>0.50~1.50	190~240	≥145	≥5	—	0.70	230	176	12.0	—	热轧开坯
	H32	H32		>0.20~0.50			≥4		0.30	203	161	7.2		
				>0.50~1.50			≥5		0.90	211	202	5.6		
	H14	H14		>0.20~0.50	220~265	≥180	≥1		0.30	236	233	1.8		需方对该产品屈服强度有较高要求，热轧开坯
	H24	H24		>0.50~1.50		≥170	≥4		0.86	233	203	8.7		热轧开坯
									0.90	237	202	10.2		铸轧开坯
	H34	H34		>0.20~0.50			≥3		0.42	263	238	5.0		热轧开坯
	H44	H44		>0.50~1.50		≥160	≥5		0.80	235	195	10.8		铸轧开坯
									1.00	232	190	10.5		热轧开坯
	H16	H16		>0.20~0.50	240~285	≥200	≥1		0.30	253	249	2.0		
				>0.50~1.50					1.00	269	251	2.5		
	H26	H26		>0.20~0.50		≥190	≥3		0.40	263	242	6.2		
				>0.50~1.50					0.90	245	215	5.0		
									1.00	254	222	4.0		
	H46	H46		>0.50~1.50	230~285	≥170	≥5		1.00	244	205	7.8		铸轧开坯
	H18	H18		>0.20~0.50	≥260	≥230	≥1		0.50	310	275	2.9		热轧开坯
				>0.50~1.50					0.60	297	275	4.5		

续表 1-9

牌号	供货状态	试样状态	室温拉伸力学性能											备注
			拉伸性能极限值						典型值					
			产品标准	厚度	抗拉强度 R_m	规定非比例延伸强度 $R_{p0.2}$	断后伸长率		厚度	抗拉强度 R_m	规定非比例延伸强度 $R_{p0.2}$	断后伸长率[1]		
							$A_{50\ mm}$	$A_{5.65}$				$A_{50\ mm}$	$A_{5.65}$	
				mm	MPa		%		mm	MPa		%		
3004	H18	H18	GB/T 3880.2—2024	>0.50~1.50	≥260	≥230	≥1	—	1.00	276	259	3.6	—	热轧开坯
3104	O	O		>0.20~0.50	155~195	≥60	≥10		0.30	176	73	16.0		
				>0.50~0.80			≥14		0.80	172	76	18.0		
				>0.80~1.30			≥16		1.20	172	74	20.0		
				>1.30~3.00			≥18		1.50	173	76	20.0		
	H32	H32		>0.20~0.50	195~245	≥145	≥3		0.30	200	155	9.3		电容器用，需方对该产品屈服强度有较低要求，热轧开坯
									0.35	203	170	8.5		热轧开坯
									0.26	204	160	9.5		
	H14	H14		>0.20~0.50	225~265	≥175	≥2		0.40	255	228	4.0		
									0.35			6.0		
	H24	H24				≥165	≥3		0.22	237	211	8.5		
	H26	H26			245~285	≥195	≥2		0.22	253	233	4.0		
	H38	H38			≥265	≥215	≥1		0.24	285	261	5.2		罐用，热轧开坯
	H19	H19			≥275	≥225			0.27	298	276	5.9		热轧开坯
									0.26	302	277	5.7		
									0.25	306	282	5.8		罐用，热轧开坯

续表 1-9

牌号	供货状态	试样状态	产品标准	室温拉伸力学性能										备注
				拉伸性能极限值					典型值					
				厚度	抗拉强度 R_m	规定非比例延伸强度 $R_{p0.2}$	断后伸长率		厚度	抗拉强度 R_m	规定非比例延伸强度 $R_{p0.2}$	断后伸长率[①]		
							$A_{50\ mm}$	$A_{5.65}$				$A_{50\ mm}$	$A_{5.65}$	
				mm	MPa		%		mm	MPa		%		
3005	H12	H12	GB/T 3880.2—2024	>0.50~1.50	145~195	≥125	≥4	—	0.70	166	156	12.0	—	热轧开坯
	H22	H22				≥110	≥5		1.10	154	121	14.0		
	H14	H14		>0.50~1.50	170~215	≥150	≥2		1.20	202	172	11.0		铸轧开坯
				>1.50~3.00			≥3		2.00	208	171	13.0		热轧开坯
	H24	H24		>0.50~1.50		≥130	≥4		1.00	205	179	13.0		
									1.50	202	172	14.0		
				>1.50~3.00					2.00	203	168	13.0		
									3.00	202	165	17.0		
	H16	H16		>0.20~0.50	195~240	≥175	≥2		0.30	218	188	10.6		铸轧开坯
									0.50	230	190	10.0		热轧开坯
				>0.50~1.50					1.20	214	186	8.8		铸轧开坯
	H26	H26		>0.20~0.50		≥160	≥3		0.25	216	192	10.8		热轧开坯
									0.30	225	195	10.0		铸轧开坯
									0.42	218	205	8.0		
				>0.50~1.50					0.70	220	191	12.0		热轧开坯
									1.20	214	182	10.0		铸轧开坯
	H28	H28		>0.20~0.50	≥220	≥190	≥2		0.40	266	238	5.5		热轧开坯

续表 1-9

牌号	供货状态	试样状态	室温拉伸力学性能											备注
			拉伸性能极限值						典型值					
			产品标准	厚度	抗拉强度 R_m	规定非比例延伸强度 $R_{p0.2}$	断后伸长率		厚度	抗拉强度 R_m	规定非比例延伸强度 $R_{p0.2}$	断后伸长率[1]		
							$A_{50\ mm}$	$A_{5.65}$				$A_{50\ mm}$	$A_{5.65}$	
				mm	MPa		%		mm	MPa		%		
3005	H28	H28	GB/T 3880.2—2024	>0.20~0.50	≥220	≥190	≥2	—	0.40	259	233	5.0	—	铸轧开坯
3105	H22	H22		>0.50~1.50	130~180	≥105	≥6		1.20	164	130	17.0		热轧开坯
	H42	H42							0.52	157	142	9.0		
	H14	H14		>0.20~0.50	150~200	≥130	≥1		0.30	181	164	4.0		铸轧开坯
									0.50	187	168	5.0		
									0.50	172	156	9.0		热轧开坯
				>0.50~1.50			≥3		0.70	179	163	6.0		铸轧开坯
									1.00	181	162	6.0		
				>1.50~3.00					1.60	178	152	8.0		
									2.00	178	153	10.0		
	H24	H24		>0.20~0.50		≥120	≥4		0.30	173	148	12.0		
									0.45	174	161	10.8		热轧开坯
				>0.50~1.50					0.50	187	153	10.7		铸轧开坯
									0.90	169	152	12.0		热轧开坯
				>1.50~3.00			≥5		2.00	175	162	12.5		
	H44	H44		>0.50~1.50	150~200	≥140	≥6		2.00	184	169	10.9		铸轧开坯
	H16	H16		>0.20~0.50	175~225	≥160	≥1		0.25	186	184	1.5		热轧开坯
									0.30	194	174	5.0		铸轧开坯

续表 1-9

牌号	供货状态	试样状态	室温拉伸力学性能											备注
			拉伸性能极限值						典型值					
			产品标准	厚度	抗拉强度 R_m	规定非比例延伸强度 $R_{p0.2}$	断后伸长率		厚度	抗拉强度 R_m	规定非比例延伸强度 $R_{p0.2}$	断后伸长率[1]		
							$A_{50\ mm}$	$A_{5.65}$				$A_{50\ mm}$	$A_{5.65}$	
				mm	MPa		%		mm	MPa		%		
3105	H16	H16	GB/T 3880.2—2024	>0.20~0.50	175~225	≥160	≥1	—	0.50	197	185	6.0	—	铸轧开坯
				>0.50~1.50			≥2		0.55	190	170	12.0		热轧开坯
									1.00	192	177	7.0		铸轧开坯
	H26	H26		>0.20~0.50		≥150	≥3		0.49	200	178	9.4		
									0.38	197	172	6.0		
									0.42	192	167	8.0		
				>0.50~1.50			≥4		0.55	191	170	12.0		热轧开坯
									0.57	200	175	9.0		铸轧开坯
				>1.50~3.00			≥5		3.00	207	190	9.1		热轧开坯
	H46	H46		>0.20~0.50	170~220		≥6		0.50	192	173	11.0		铸轧开坯
	H18	H18			≥195	≥180	≥1		0.45	209	196	7.0		
	H28	H28		>0.20~1.50		≥170	≥2		0.28	208	196	6.0		
									0.33	216	191	9.4		
									0.33	219	194	5.0		
									0.41	216	199	4.0		
	H29	H29			≥205	≥180			0.30	220	209	5.8		
3105A	H24	H24		>0.20~1.00	170~220	≥150	≥4		0.72	204	182	9.0		
	H26	H26		>0.20~0.50	180~230	≥160	≥3		0.44	212	188	9.8		

续表 1-9

牌号	供货状态	试样状态	室温拉伸力学性能											备注
			拉伸性能极限值						典型值					
			产品标准	厚度	抗拉强度 R_m	规定非比例延伸强度 $R_{p0.2}$	断后伸长率 $A_{50\ mm}$	断后伸长率 $A_{5.65}$	厚度	抗拉强度 R_m	规定非比例延伸强度 $R_{p0.2}$	断后伸长率[①] $A_{50\ mm}$	断后伸长率[①] $A_{5.65}$	
				mm	MPa	MPa	%	%	mm	MPa	MPa	%	%	
3105A	H28	H28	GB/T 3880.2—2024	>0.20~0.50	≥200	≥180	≥2	—	0.41	226	204	5.9	—	铸轧开坯
3A21	O	O		>0.20~0.80	100~150	—	≥19		0.40	135	—	20.0		薄料晶粒长大，强度提高，热轧开坯
									0.50	135		22.0		热轧开坯
									0.80	132		26.0		
				>0.80~4.50			≥23		1.00	133		30.0		气罐用，热轧开坯
									2.00	124		35.0		
									2.50	123		35.0		
									3.00	121		36.0		
				>4.50~12.50			≥25		5.00	120		36.0		
									6.00	124		36.0		
									8.00	128		35.0		
									12.00	107		46.5		热轧开坯
				>12.50~25.00			—	≥25	25.00	118		—	45.0	
	H112	H112		>4.50~12.50	≥110		≥18	—	8.00	151		22.5	—	
									10.00	152		26.0		
									12.00	156		24.0		
				>12.50~25.00			—	≥22	16.00	152		—	29.0	

续表 1-9

牌号	供货状态	试样状态	产品标准	室温拉伸力学性能										备注
				拉伸性能极限值					典型值					
				厚度	抗拉强度 R_m	规定非比例延伸强度 $R_{p0.2}$	断后伸长率		厚度	抗拉强度 R_m	规定非比例延伸强度 $R_{p0.2}$	断后伸长率[①]		
							$A_{50\ mm}$	$A_{5.65}$				$A_{50\ mm}$	$A_{5.65}$	
				mm	MPa		%		mm	MPa		%		
3A21	H112	H112	GB/T 3880.2—2024	>12.50~25.00	≥110	—	—	≥22	22.00	153	—	—	30.0	热轧开坯
				>25.00~125.00					35.00	149			30.0	
									40.00	148			30.0	
									60.00	147			31.0	
									80.00	144			28.5	
									100.00	133			34.0	
	H22	H22		>1.00~1.50	130~180		≥7	—	1.50	165		11.5	—	
				>1.50~3.00			≥8		3.00	158		13.5		
	H14	H14		>0.20~1.30	145~200		≥6		1.20	176		7.0		
				>1.30~4.50					2.50	179		7.0		
	H24	H24		>0.20~1.30					1.00	186		14.5		
									1.20	181		17.0		
				>1.30~4.50					1.50	175		17.0		
									2.00	171		17.0		
									3.00	178		18.0		
									4.00	176		20.0		
	H18	H18		>0.80~1.30	≥195		≥3		1.20	245		3.5		
				>1.30~4.50			≥4		1.50	232		4.0		

续表 1-9

牌号	供货状态	试样状态	室温拉伸力学性能											备注
			拉伸性能极限值						典型值					
			产品标准	厚度	抗拉强度 R_m	规定非比例延伸强度 $R_{p0.2}$	断后伸长率		厚度	抗拉强度 R_m	规定非比例延伸强度 $R_{p0.2}$	断后伸长率[①]		
							$A_{50\ mm}$	$A_{5.65}$				$A_{50\ mm}$	$A_{5.65}$	
				mm	MPa		%		mm	MPa		%		
3A21	H19	H19	GB/T 3880.2—2024	>0.50~0.80	≥205	—	≥2	—	0.60	259	—	3.0	—	热轧开坯
5005、5005A	O	O		>0.20~0.50	100~145	≥35	≥15		0.20	113	48	20.3		
				>0.50~1.50			≥19		1.50	111	53	28.4		
				>1.50~3.00			≥21		2.00	116	77	32.5		
	H12	H12		>3.00~6.00	125~165	≥95	≥5		4.00	147	125	7.1		
	H22	H22		>0.50~1.50		≥80	≥7		0.90	147	123	11.5		机柜用，需方对该产品屈服强度有较低的要求，热轧开坯
									1.50	145	118	14.0		
				>1.50~3.00			≥8		2.00	147	115	18.5		
									3.00	142	119	16.5		
				>3.00~6.00			≥10		4.00	146	110	22.0		
	H32	H32		>0.50~1.50			≥7		1.21	133	89	19.0		试样方向为横向，热轧开坯
				>1.50~3.00			≥8		2.00	152	121	18.5		热轧开坯
				>3.00~6.00			≥10		3.00	155	129	17.0		
	H14	H14		>0.20~0.50	145~185	≥120	≥2		0.50	166	156	5.4		
				>0.50~1.50					1.00	165	155	5.6		
				>1.50~3.00			≥3		2.00	163	155	7.0		
	H24	H24		>0.20~0.50		≥110			0.45	153	132	10.5		

续表 1-9

牌号	供货状态	试样状态	产品标准	室温拉伸力学性能										备注
				拉伸性能极限值					典型值					
				厚度	抗拉强度 R_m	规定非比例延伸强度 $R_{p0.2}$	断后伸长率		厚度	抗拉强度 R_m	规定非比例延伸强度 $R_{p0.2}$	断后伸长率[①]		
							$A_{50\ mm}$	$A_{5.65}$				$A_{50\ mm}$	$A_{5.65}$	
				mm	MPa		%		mm	MPa		%		
5005、5005A	H24	H24	GB/T 3880.2—2024	>0.50~1.50	145~185	≥110	≥4	—	1.00	160	134	11.0	—	热轧开坯
				>1.50~3.00			≥5		2.00	156	133	13.5		
				>3.00~6.00			≥6		4.00	161	135	15.5		
	H34	H34		>0.50~1.50			≥4		1.20	163	133	13.0		
				>1.50~3.00			≥5		3.00	162	136	15.0		
				>3.00~6.00			≥6		5.00	156	131	17.0		
	H16	H16		>0.20~0.50	165~205	≥145	≥1		0.40	180	167	4.8		
				>0.50~1.50			≥2		1.00	179	170	3.1		
	H26	H26		>0.20~0.50		≥135			0.50	177	159	5.8		
				>0.50~1.50			≥3		1.00	171	155	9.0		
	H36	H36		>0.20~0.50			≥2		0.49	174	166	2.7		
5042	H26	H26		0.20~0.35	260~320	≥210	≥4		0.21	281	231	10.9		
	H19	H19			≥350	≥320	≥2		0.22	372	348	5.2		
5049	O	O		>0.50~1.50	190~240	≥80	≥14		1.00	205	95	21.0		
	H111	H111							1.20	211	98	19.0		
5050	H26	H26		>0.20~0.50	195~235	≥160	≥4		0.50	200	168	12.0		
5251	O	O		>1.50~3.00	160~200	≥60	≥16		1.60	188	84	24.0		
				>3.00~6.00			≥18		3.20	187	86	24.0		

续表 1-9

牌号	供货状态	试样状态	室温拉伸力学性能											备注
			拉伸性能极限值						典型值					
			产品标准	厚度	抗拉强度 R_m	规定非比例延伸强度 $R_{p0.2}$	断后伸长率		厚度	抗拉强度 R_m	规定非比例延伸强度 $R_{p0.2}$	断后伸长率[①]		
							$A_{50\ mm}$	$A_{5.65}$				$A_{50\ mm}$	$A_{5.65}$	
				mm	MPa		%		mm	MPa		%		
5251	H111	H111	GB/T 3880.2—2024	>1.50~3.00	160~200	≥60	≥16	—	2.10	185	103	22.0	—	热轧开坯
	H22	H22		>0.50~1.50	190~230	≥120	≥6		1.17	209	166	15.7		
				>1.50~3.00			≥8		1.95	210	156	16.5		
	H32	H32		>1.50~3.00					2.00	222	166	16.0		
	H26	H26		>0.50~1.50	230~270	≥170	≥4		1.25	263	226	11.0		
				>3.00~4.00			≥7		4.00	249	243	8.5		
5052	O	O		>0.20~0.50	170~215	≥65	≥12		0.50	188	99	20.9		
				>0.50~1.50			≥14		1.00	193	94	21.5		
				>1.50~3.00			≥16		2.00	195	96	22.7		
				>3.00~6.00			≥18		5.00	194	91	28.0		
				>6.00~12.50	165~215		≥19		8.00	189	97	28.0		
				>12.50~50.00			—	≥18	20.00	188	80	—	28.5	
									35.00	193	83		30.5	
	H111	H111		>6.00~12.50			≥19	—	9.96	205	111	33.5	—	
	H112	H112			≥190	≥80	≥10		10.00	198	92	33.5		
				>40.00~80.00	≥170	≥70	—	≥14	40.40	193	105	—	29.5	
									45.80	190	107		29.0	
									50.00	193	101			

续表 1-9

牌号	供货状态	试样状态	室温拉伸力学性能											备注
			拉伸性能极限值					典型值						
			产品标准	厚度	抗拉强度 R_m	规定非比例延伸强度 $R_{p0.2}$	断后伸长率 $A_{50\ mm}$	断后伸长率 $A_{5.65}$	厚度	抗拉强度 R_m	规定非比例延伸强度 $R_{p0.2}$	断后伸长率[①] $A_{50\ mm}$	断后伸长率[①] $A_{5.65}$	
				mm	MPa	MPa	%	%	mm	MPa	MPa	%	%	
5052	H112	H112	GB/T 3880.2—2024	>40.00~80.00	≥170	≥70	—	≥14	50.50	185	104	—	31.5	热轧开坯
									52.00	192	110		30.0	
									55.00	188	91		32.0	
									60.60	187	95		31.0	
									65.68	188	94			
									70.75	189				
									75.90	183				
									77.30	185	95			
				>80.00~400.00				≥16	81.02	187	94		31.5	
									86.00	184	98			—
									90.90	187	92		31.0	
									95.00	188	95			
									101.30	184	91		32.0	
									115.00	188	88			
									121.10	190	85		30.5	
									141.10	186	92			
									145.00	189	87		31.5	
									160.00	186	93		31.0	

续表 1-9

牌号	供货状态	试样状态	室温拉伸力学性能											备注
			拉伸性能极限值						典型值					
			产品标准	厚度	抗拉强度 R_m	规定非比例延伸强度 $R_{p0.2}$	断后伸长率 $A_{50\ mm}$	断后伸长率 $A_{5.65}$	厚度	抗拉强度 R_m	规定非比例延伸强度 $R_{p0.2}$	断后伸长率[1] $A_{50\ mm}$	断后伸长率[1] $A_{5.65}$	
				mm	MPa	MPa	%	%	mm	MPa	MPa	%	%	
5052	H112	H112	GB/T 3880.2—2024	>80.00~400.00	≥170	≥70	—	≥16	192.00	184	95	—	30.5	—
	H12	H12		>0.50~1.50	210~260	≥160	≥5	—	0.90	245	225	6.5	—	
	H32	H32		>0.20~0.50		≥130			0.30	225	171	11.2		
				>0.50~1.50			≥6		0.80	246	189	11.5		
									1.50	237	184	12.0		
				>1.50~3.00			≥7		2.00	237	189	12.5		
									3.00	233	184	12.0		
									3.00	238	192	12.5		
				>3.00~6.00			≥10		4.00	237	183	14.5		
									4.00	224	173	16.0		
									6.00	230	180	16.0		
	H42	H42		>0.50~1.50			≥7		1.00	245	206	9.4		涂层带材，热轧开坯
	H14	H14		>0.20~0.50	230~280	≥180	≥3		0.40	260	245	7.0		热轧开坯
				>1.50~3.00			≥4		2.50	260	230	5.0		
	H24	H24		>0.20~0.50		≥150			0.50	256	203	13.0		
				>0.50~1.50			≥5		1.20	260	224	8.0		
				>3.00~6.00			≥7		4.00			9.0		

续表 1-9

牌号	供货状态	试样状态	室温拉伸力学性能											备注
			拉伸性能极限值						典型值					
			产品标准	厚度	抗拉强度 R_m	规定非比例延伸强度 $R_{p0.2}$	断后伸长率		厚度	抗拉强度 R_m	规定非比例延伸强度 $R_{p0.2}$	断后伸长率[①]		
							$A_{50\ mm}$	$A_{5.65}$				$A_{50\ mm}$	$A_{5.65}$	
				mm	MPa		%		mm	MPa		%		
5052	H34	H34	GB/T 3880.2—2024	>0.20~0.50	230~280	≥150	≥4	—	0.25	253	220	7.4	—	热轧开坯
				>0.50~1.50			≥5		1.20	242	204	9.8		3C 用品，需方对该产品规定非比例延伸强度有较低的要求，热轧开坯
				>1.50~3.00			≥6		2.00	259	242	7.6		热轧开坯
	H44	H44		>0.50~1.50			≥5		0.80	254	229	8.0		涂层带材,热轧开坯
	H16	H16		>0.20~0.50	250~300	≥210	≥2		0.29	285	239	8.5		热轧开坯
	H26	H26				≥180	≥3		0.30	272				
				>0.50~1.50			≥4		0.60	281	237	9.0		
	H36	H36		>1.50~3.00			≥5		2.00	294	271	9.2		
				>3.00~6.00			≥6		4.00	291	274	9.2		
	H18	H18		>0.50~1.50	≥270	≥240	≥2		0.80	320	305	5.0		
				>1.50~3.00					2.95	320	295	6.5		
	H38	H38		>0.50~1.50		≥210	≥3		1.00	315	280	7.5		
				>1.50~3.00			≥4		2.00	285	255	9.5		
	H19	H19		>0.20~0.50	≥280	≥250	≥2		0.24	312	292	5.3		
	H39	H39				≥220	≥3		0.21	303	282	7.4		
5252	H32	H32		>0.20~0.50	180~240	≥140	≥6		0.40	218	173	9.3		

续表 1-9

牌号	供货状态	试样状态	室温拉伸力学性能											备注
			拉伸性能极限值						典型值					
			产品标准	厚度	抗拉强度 R_m	规定非比例延伸强度 $R_{p0.2}$	断后伸长率		厚度	抗拉强度 R_m	规定非比例延伸强度 $R_{p0.2}$	断后伸长率[①]		
							$A_{50\ mm}$	$A_{5.65}$				$A_{50\ mm}$	$A_{5.65}$	
				mm	MPa		%		mm	MPa		%		
5252	H32	H32	GB/T 3880.2—2024	>0.50~1.50	180~240	≥140	≥8	—	0.80	213	169	10.6	—	3C 用品，需方对该产品规定非比例延伸强度有较低的要求，热轧开坯
									0.80	212	167	12.4		热轧开坯
				>1.50~3.00			≥10		2.80	223	164	13.1		
	H38	H38		0.50~1.50	≥260	—	≥3		1.20	265	233	7.8		3C 用品，需方对该产品抗拉强度有较低的要求，热轧开坯
5154	O	O		>3.00~6.00	205~285	≥75	≥16		4.20	227	100	30.0		热轧开坯
5454					215~275	≥85	≥17		3.00	220	101	26.0		
				>6.00~12.50			≥18		7.00	221	109	27.0		
	H111	H111		>3.00~6.00			≥17		5.80	223	113	25.0		
				>12.50~80.00			—	≥16	20.00	248	157	—	25.5	
	H112	H112		6.00~12.50	≥220	≥125	≥8	—	7.87	259	209	20.0	—	
									8.06	255	203	21.0		
									9.09	256	201	21.5		
	H32	H32		>0.50~1.50	250~305	≥180	≥6		1.50	285	192	14.0		
				>1.50~3.00			≥7		1.60	295	191	15.0		

续表 1-9

牌号	供货状态	试样状态	室温拉伸力学性能											备注
			拉伸性能极限值						典型值					
			产品标准	厚度	抗拉强度 R_m	规定非比例延伸强度 $R_{p0.2}$	断后伸长率		厚度	抗拉强度 R_m	规定非比例延伸强度 $R_{p0.2}$	断后伸长率①		
							$A_{50\ mm}$	$A_{5.65}$				$A_{50\ mm}$	$A_{5.65}$	
				mm	MPa		%		mm	MPa		%		
5454	H32	H32	GB/T 3880.2—2024	>3.00~6.00	250~305	≥180	≥8	—	3.20	290	190	15.0	—	热轧开坯
	H24	H24		>1.50~3.00	270~325	≥200	≥6		3.00	289	210	16.0		
				>3.00~6.50			≥7		4.00	278	203	16.0		
5754	O	O		>0.20~0.50	190~240	≥80	≥12		0.30	224	112	19.5		
				>0.50~1.50			≥14		1.20	210	103	25.3		
				>1.50~3.00			≥16		2.00	216	108	20.0		试样方向为横向，热轧开坯
				>3.00~6.00			≥18		4.00	212	101	27.0		
	H111	H111		>0.50~1.50			≥14		1.00	221	109	20.5		
				>1.50~3.00			≥16		2.50	227	102	24.5		
				>3.00~6.00			≥18		4.00	221		26.0		
				>6.00~12.50					10.00	219	119	29.5		
				>12.50~25.00			—	≥17	25.00	221		—	23.0	
				>25.00~40.00					30.00	219	118		27.0	
									40.00					
				>40.00~100.00					50.00	216	104		26.0	
									80.00	213	128			
	H112	H112		3.00~6.00	≥190	≥100	≥12	—	6.00	232	173	22.0	—	
				>6.00~12.50					12.00	223	115	30.0		

续表 1-9

牌号	供货状态	试样状态	室温拉伸力学性能											备注
			拉伸性能极限值						典型值					
			产品标准	厚度	抗拉强度 R_m	规定非比例延伸强度 $R_{p0.2}$	断后伸长率 $A_{50\ mm}$	断后伸长率 $A_{5.65}$	厚度	抗拉强度 R_m	规定非比例延伸强度 $R_{p0.2}$	断后伸长率①$A_{50\ mm}$	断后伸长率①$A_{5.65}$	
				mm	MPa	MPa	%	%	mm	MPa	MPa	%	%	
5754	H112	H112	GB/T 3880.2—2024	>12.50~25.00	≥190	≥90	—	≥10	15.00	212	120	—	30.0	试样方向为横向，热轧开坯
				>25.00~40.00		≥80		≥12	38.00	218	110		27.5	
				>40.00~80.00				≥14	45.00	218	115		29.0	
	H12	H12		>0.50~1.50	220~270	≥170	≥5	—	1.00	239	192	8.1	—	热轧开坯
				>3.00~6.00			≥7		5.00	236	227	11.3		
	H22	H22		>0.50~1.50		≥130	≥8		1.00	246	189	15.0		机柜用，需方对该产品屈服强度有较低的要求，热轧开坯
				>1.50~3.00			≥10		2.00	244	162	16.5		
									3.00	246	172			
				>3.00~6.00			≥11		4.00	241	182			
									5.00	243	171	18.0		
	H32	H32		>0.20~0.50			≥7		0.50	246	182	11.5		热轧开坯
				>0.50~1.50			≥8		1.50	245	149	19.0		
				>1.50~3.00			≥10		2.00	240	155	22.5		
				>3.00~6.00			≥11		4.00	251	198	14.0		
	H14	H14		>0.50~1.50	240~280	≥190	≥3		1.50	270	197	14.0		
				>3.00~6.00			≥4		5.00	260	229	10.5		
	H24	H24		>0.20~0.50		≥160	≥6		0.49	256	200	12.5		
				>0.50~1.50					1.50	256	211	12.5		

续表 1-9

牌号	供货状态	试样状态	室温拉伸力学性能											备注
			拉伸性能极限值						典型值					
			产品标准	厚度	抗拉强度 R_m	规定非比例延伸强度 $R_{p0.2}$	断后伸长率 $A_{50\ mm}$	断后伸长率 $A_{5.65}$	厚度	抗拉强度 R_m	规定非比例延伸强度 $R_{p0.2}$	断后伸长率① $A_{50\ mm}$	断后伸长率① $A_{5.65}$	
				mm	MPa	MPa	%	%	mm	MPa	MPa	%	%	
5754	H24	H24	GB/T 3880.2—2024	>1.50~3.00	240~280	≥160	≥7	—	3.00	256	202	13.7	—	热轧开坯
				>3.00~6.00			≥8		5.00	259	200	15.0		
	H34	H34		>0.20~0.50			≥6		0.50	260	207	10.9		
				>0.50~1.50					0.60	264	218	9.0		
	H44	H44				≥190	≥9		0.57	269	228	10.6		涂层带材,热轧开坯
	H26	H26		>0.20~0.50	265~305		≥4		0.40	276	231	16.0		试样方向为横向,热轧开坯
				>0.50~1.50					1.00	270	220	13.0		热轧开坯
				>1.50~3.00			≥5		3.00	274	220	11.0		试样方向为横向,热轧开坯
	H46	H46		>0.50~1.50	260~305	≥210	≥4		0.76	283	253	5.4		涂层带材,热轧开坯
	H18	H18			≥290	≥250	≥2		1.45	315	270	9.5		试样方向为横向,热轧开坯
				>1.50~3.00					2.50	310	265	11.0		
	H28	H28				≥230	≥4		2.00	310	260	19.0		
	H48	H48		>0.50~1.50	≥270	≥220			0.58	298	280	5.2		涂层带材,热轧开坯
5456	H116	H116		>4.50~12.50	315~405	≥230	≥10		4.70	366	265	17.5		热轧开坯
									7.80	369	273	18.0		
									12.50	375	263	21.0		

续表 1-9

牌号	供货状态	试样状态	室温拉伸力学性能											备注
			拉伸性能极限值						典型值					
			产品标准	厚度	抗拉强度 R_m	规定非比例延伸强度 $R_{p0.2}$	断后伸长率		厚度	抗拉强度 R_m	规定非比例延伸强度 $R_{p0.2}$	断后伸长率[①]		
							$A_{50\ mm}$	$A_{5.65}$				$A_{50\ mm}$	$A_{5.65}$	
				mm	MPa		%		mm	MPa		%		
5456	H116	H116	GB/T 3880.2—2024	>12.50~30.00	315~385	≥230		≥10	16.00	373	264	—	21.0	热轧开坯
									20.00	371	263		20.0	
									25.00	361	250		19.5	
				>40.00~50.00	285~370	≥200			50.00	355	254		18.5	
5059	O	O		>6.00~12.50	330~380	≥160	≥24	—	12.00	358	166	26.5	—	
	H111	H111												
	H112	H112		>12.50~50.00			—	≥20	15.00	361	176	—	21.5	
	H116	H116		>3.00~6.00	370~440	≥270	≥10	—	4.00	413	311	13.5	—	
									5.00	404	299	13.0		
				>6.00~12.50					7.00	403	307	13.0		
									8.00	401	297	14.0		
									10.00	406	278	16.5		
									12.00	394	274	17.5		
				>12.50~20.00			—	≥10	16.00	405	273	—	16.5	
									20.00	405	276		18.0	
				>20.00~50.00	360~440	≥260			24.00	401	277		17.0	
									26.00	406	287		17.5	

续表 1-9

牌号	供货状态	试样状态	室温拉伸力学性能											备注
			拉伸性能极限值						典型值					
			产品标准	厚度	抗拉强度 R_m	规定非比例延伸强度 $R_{p0.2}$	断后伸长率 $A_{50\ mm}$	断后伸长率 $A_{5.65}$	厚度	抗拉强度 R_m	规定非比例延伸强度 $R_{p0.2}$	断后伸长率[①] $A_{50\ mm}$	断后伸长率[①] $A_{5.65}$	
				mm	MPa		%		mm	MPa		%		
5059	H116	H116	GB/T 3880.2—2024	>20.00~50.00	360~440	≥260	—	≥10	28.00	407	298	—	15.5	热轧开坯
									30.00	414	301		14.0	
									32.00	395	292		14.5	
	H321	H321		>3.00~6.30	370~440	≥270	10	—	4.00	389	288	15.0	—	
5182	O	O		>0.20~0.50	255~315	≥110	≥14		0.50	282	146	28.0		
				>0.50~1.50			≥15		1.00	272	132	25.0		
				>1.50~3.00			≥16		2.00	269	146	26.0		试样方向为横向，热轧开坯
				>3.00~6.00					3.50	274	146	27.7		热轧开坯
	H111	H111		>0.20~0.50			≥14		0.48	286	133	25.8		试样方向为横向，热轧开坯
				>0.50~1.50			≥15		1.00	275	135	27.5		
				>1.50~3.00			≥16		2.00	271	129	28.0		
				>3.00~6.00					5.78	286	137	25.8		热轧开坯
	H34	H34		>0.20~0.50	290~350	≥200	≥5		0.50	332	249	11.2		
				>0.50~1.50			≥6		0.80	330	243	13.0		
				>1.50~3.00			≥7		2.00	336	246	12.0		
	H36	H36		>0.20~0.50	340~380	≥280	≥3		0.30	357	304	6.0		
	H48	H48			≥360	≥300	≥4		0.22	392	342	8.6		罐用，需方对该产品抗拉性能、规定非比例延伸强度有较高要求，热轧开坯

续表 1-9

牌号	供货状态	试样状态	室温拉伸力学性能											备注
			拉伸性能极限值						典型值					
			产品标准	厚度	抗拉强度 R_m	规定非比例延伸强度 $R_{p0.2}$	断后伸长率 $A_{50\ mm}$	断后伸长率 $A_{5.65}$	厚度	抗拉强度 R_m	规定非比例延伸强度 $R_{p0.2}$	断后伸长率[①] $A_{50\ mm}$	断后伸长率[①] $A_{5.65}$	
				mm	MPa	MPa	%	%	mm	MPa	MPa	%	%	
5182	H48	H48	GB/T 3880.2—2024	>0.20~0.50	≥360	≥300	≥4	—	0.21	392	345	8.5	—	热轧开坯
	H19	H19			≥380	≥320	≥1		0.20	404	338	4.8		
									0.22	438	394	6.2		罐用，需方对该产品抗拉性能、规定非比例延伸强度有较高要求，热轧开坯
5083	O	O		>0.20~0.50	275~350	≥125	≥11		0.50	288	144	21.0		热轧开坯
				>0.50~1.50			≥12		1.00	287	151	20.5		
				>1.50~3.00			≥13		2.00	287	155	22.4		
				>3.00~6.00			≥15		4.00	290	162	23.4		
				>6.00~12.50	270~345	≥115	—	≥16	12.50	299	169	—	24.0	
				>50.00~80.00				≥14	64.10	295	155		24.0	
				>80.00~120.00	260~335	≥110		≥12	88.90	292	152		28.0	
									119.30	285	156		28.5	
	H111	H111		>0.20~0.50	275~350	≥125	≥11	—	0.50	288	144	21.0	—	
									0.50	291	151	17.0		罐车用
									0.50	288	144	17.0		热轧开坯
				>0.50~1.50			≥12		1.50	290	164	21.5		试样方向为横向，热轧开坯
				>3.00~6.00			≥15		5.10	295	159	22.0		

续表 1-9

牌号	供货状态	试样状态	产品标准	室温拉伸力学性能										备注
				拉伸性能极限值					典型值					
				厚度	抗拉强度 R_m	规定非比例延伸强度 $R_{p0.2}$	断后伸长率		厚度	抗拉强度 R_m	规定非比例延伸强度 $R_{p0.2}$	断后伸长率①		
							$A_{50\ mm}$	$A_{5.65}$				$A_{50\ mm}$	$A_{5.65}$	
				mm	MPa		%		mm	MPa		%		
5083	H111	H111	GB/T 3880.2—2024	>6.00~12.50	275~350	≥125	≥16	—	8.30	298	154	26.0	—	试样方向为横向，热轧开坯
				>12.50~50.00	270~345	≥115	—	≥15	15.00	295	153	—	25.5	
									20.00	288	158		16.5	罐车用，热轧开坯
				>50.00~80.00				≥14	80.00	277	146		18.5	试样方向为横向，热轧开坯
				>80.00~120.00	260~335	≥110		≥12	100.00	279	142		19.5	
				>120.00~180.00	255~340	≥105			130.00	280	146		17.5	
	H112	H112		>6.00~12.50	≥275	≥125	≥12	—	8.00	302	167	23.0	—	热轧开坯
									10.00	317	200	22.5		罐车用，需方对该产品抗拉强度、规定非比例延伸强度有较高要求，热轧开坯
				>12.50~40.00			—	≥10	15.00	308	168	—	23.5	热轧开坯
									20.00	314	193		26.0	罐车用，需方对该产品抗拉强度、规定非比例延伸强度有较高要求，热轧开坯
				>40.00~80.00	≥270	≥115			45.00	291	162		25.0	热轧开坯
				>80.00~120.00	≥260	≥110			85.00	290	167		26.0	
				>120.00~160.00					127.00	295	171		20.5	

续表 1-9

牌号	供货状态	试样状态	室温拉伸力学性能											备注
			拉伸性能极限值						典型值					
			产品标准	厚度	抗拉强度 R_m	规定非比例延伸强度 $R_{p0.2}$	断后伸长率		厚度	抗拉强度 R_m	规定非比例延伸强度 $R_{p0.2}$	断后伸长率[①]		
							$A_{50\ mm}$	$A_{5.65}$				$A_{50\ mm}$	$A_{5.65}$	
				mm	MPa		%		mm	MPa		%		
5083	H116	H116	GB/T 3880.2—2024	1.50~3.00	305~385	≥215	≥8	—	2.00	330	238	13.5	—	试样方向为横向，热轧开坯
	H22	H22		>1.50~3.00	305~380		≥7		3.00	307	223	11.9		热轧开坯
				>3.00~6.00			≥8		4.00	310	218	12.0		
	H32	H32		>1.50~3.00			≥7		3.00	355	280	12.5		
				>3.00~6.00			≥8		4.00	336	239	17.0		
									5.00	335	239	17.5		
				>6.00~12.00			≥10		9.55	331	238	19.0		
	H321	H321		1.50~3.00	305~385		≥8		2.00	331	240	14.5		
				>3.00~6.00			≥10		5.00	337	240	17.0		
				>6.00~12.50			≥12		10.00	322	236	17.0		
				>12.50~40.00			—	≥10	15.00	331	239	—	14.5	
				>40.00~80.00	285~385	≥200			50.00	318	237		16.5	
	H14	H14		>1.50~3.00	340~400	≥280	≥3	—	3.00	355	305	13.0	—	试样方向为横向，热轧开坯
				>3.00~6.00					4.00	343	285	14.5		
	H24	H24		>1.50~3.00		≥250	≥6		3.00	345	272	11.5		热轧开坯
				>3.00~6.00			≥7		5.00	344	260	15.5		
	H34	H34		>1.50~3.00			≥6		2.00	343	263	14.5		

续表 1-9

牌号	供货状态	试样状态	产品标准	室温拉伸力学性能										备注
				拉伸性能极限值					典型值					
				厚度	抗拉强度 R_m	规定非比例延伸强度 $R_{p0.2}$	断后伸长率		厚度	抗拉强度 R_m	规定非比例延伸强度 $R_{p0.2}$	断后伸长率[1]		
							$A_{50\,mm}$	$A_{5.65}$				$A_{50\,mm}$	$A_{5.65}$	
				mm	MPa		%		mm	MPa		%		
5083	H16	H16	GB/T 3880.2—2024	>0.50~1.50	360~420	≥300	≥2	—	1.00	385	330	6.0	—	试样方向为横向，热轧开坯
				>1.50~3.00					3.00	387	352	5.5		热轧开坯
	H36	H36		>3.00~6.00		≥280	≥3		3.20	371	308	12.0		
5383	H116	H116		>3.00~6.00	≥305	≥220	≥10		4.00	340	230	12.0		
				>6.00~12.50			≥12		8.00	332	230	13.0		
				>12.50~40.00			—	≥10	20.00			—	11.0	
5086	O	O		>12.50~150.00	240~310	≥100		≥16	24.00	263	142		22.5	试样方向为横向，热轧开坯
	H111	H111		>1.50~3.00			≥13	—	3.00	286	165	22.5	—	热轧开坯
				>3.00~6.00			≥15		6.00	272	149	22.0		
				>6.00~12.50			≥17		10.00	270	148	20.5		
	H116	H116		>3.00~6.00	≥275	≥195	≥9		4.78	309	232	14.5		试样方向为横向，热轧开坯
									3.90	314	265	15.0		热轧开坯
									4.80	316	258	16.5		
									3.90	310	250	14.0		
									4.66	320	250	14.5		

续表 1-9

牌号	供货状态	试样状态	室温拉伸力学性能											备注
			拉伸性能极限值						典型值					
			产品标准	厚度	抗拉强度 R_m	规定非比例延伸强度 $R_{p0.2}$	断后伸长率 $A_{50\ mm}$	断后伸长率 $A_{5.65}$	厚度	抗拉强度 R_m	规定非比例延伸强度 $R_{p0.2}$	断后伸长率[①] $A_{50\ mm}$	断后伸长率[①] $A_{5.65}$	
				mm	MPa		%		mm	MPa		%		
5086	H116	H116	GB/T 3880.2—2024	>6.00~12.50	≥275	≥195	≥10	—	6.35	309	232	20.0	—	试样方向为横向，热轧开坯
									6.15	339	258	16.5		热轧开坯
									12.36	323	224	18.0		
				>12.50~50.00			—	≥9	12.70	315	234	—	22.0	试样方向为横向，热轧开坯
	H12	H12		>1.50~3.00	275~335	≥200	≥5	—	3.00	295	240	12.0	—	
	H32	H32		>0.50~1.50		≥185	≥6		1.50	297	234	16.0		
				>1.50~3.00			≥7		2.50	288	221	12.5		
				>3.00~6.00			≥8		6.00	314	221	14.5		
5A02	O	O		>0.50~1.00	165~225	—	≥17		0.78	200	87	28.5		热轧开坯
	H112	H112		>4.50~12.50	≥175		≥10		8.00	218	—	21.5		
									10.00	200		25.0		
				>12.50~25.00			—	≥12	17.00	186		—	26.0	
				>25.00~80.00	≥155			≥13	35.00	182			29.5	
									40.00	197			24.0	
									50.00	193			29.5	
	H14	H14		>1.00~4.50	235~285		≥6	—	3.00	245		11.5	—	
	H24	H24		>0.50~1.00			≥4		0.51	247		10.5		

续表 1-9

牌号	供货状态	试样状态	室温拉伸力学性能											备注
			拉伸性能极限值						典型值					
			产品标准	厚度	抗拉强度 R_m	规定非比例延伸强度 $R_{p0.2}$	断后伸长率		厚度	抗拉强度 R_m	规定非比例延伸强度 $R_{p0.2}$	断后伸长率[①]		
							$A_{50\ mm}$	$A_{5.65}$				$A_{50\ mm}$	$A_{5.65}$	
				mm	MPa		%		mm	MPa		%		
5A02	H24	H24	GB/T 3880.2—2024	>1.00~4.50	235~285	—	≥6	—	3.00	240	—	10.0	—	热轧开坯
	H18	H18		>0.50~1.00	≥265		≥3		1.00	311		3.5		试样方向为纵向，热轧开坯
									1.00	319		5.0		试样方向为横向，热轧开坯
				>1.00~4.50			≥4		2.00	315		6.0		
5A03	O	O		>0.50~4.50	195~250	≥100	≥16		0.60	217	110	18.0		热轧开坯
									2.00	226	117	22.0		
									4.00	220	108	21.0		
	H14	H14			225~280	≥195	≥8		1.20	259	208	9.0		
5A05	O	O			275~340	≥125	≥16		1.00	295	160	20.5		
	H112	H112		>4.50~10.00	≥275				6.00	301	155	30.5		
5A06	O	O		>0.50~4.50	315~375	≥155			0.80	347	170	22.5		
				>4.50~12.50					5.00	357	188	23.0		
									6.00	361	196	23.5		
									8.00	364	205	26.0		
									12.00	363	199	26.0		
	H112	H112		>3.00~10.00	≥315	≥155	≥16		10.00	366	229	19.0		
				>10.00~12.50	≥305	≥145	≥12		12.00	333	171	24.5		

续表 1-9

牌号	供货状态	试样状态	室温拉伸力学性能											备注
			拉伸性能极限值						典型值					
			产品标准	厚度	抗拉强度 R_m	规定非比例延伸强度 $R_{p0.2}$	断后伸长率 $A_{50\ mm}$	断后伸长率 $A_{5.65}$	厚度	抗拉强度 R_m	规定非比例延伸强度 $R_{p0.2}$	断后伸长率[①] $A_{50\ mm}$	断后伸长率[①] $A_{5.65}$	
				mm	MPa		%		mm	MPa		%		
5A06	H112	H112	GB/T 3880.2—2024	>12.50~25.00	≥305	≥145	—	≥12	15.00	338	170	—	24.0	热轧开坯
				>25.00~50.00	≥295	≥135			40.00	336	172		26.5	
				>50.00~265.00	≥280	≥120			80.00	341	165		23.0	
	H34	H34		>3.00~6.00	375~425	≥265	≥8	—	5.00	400	285	17.5	—	
									6.00	402	288	17.0		
				>6.00~12.50					8.00	394	285	17.0		
									9.50	398	280	17.0		
5L52	H32	H32		>0.50~1.50	200~250	≥150	≥6		0.80	212	173	11.8		3C 用品，热轧开坯
6005A	T6	T6		>1.50~3.00	≥240	≥230	≥10		3.00	342	320	11.5		热轧开坯
				>6.00~10.00					10.00	282	267	14.5		
6060				>4.50~12.50	≥250	≥210	≥7		5.00	275	243	15.5		
									10.00	278	243	19.0		
				>12.50~40.00			—	≥7	30.00	285	269	—	12.5	
				>40.00~70.00					42.00	280	262		15.5	
	T651	T651		>4.50~12.50			≥7	—	6.00	276	250	15.5	—	
									8.00	276	252	15.5		
									10.00	282	256	15.0		
									12.00	281	257	15.5		

续表 1-9

牌号	供货状态	试样状态	室温拉伸力学性能：拉伸性能极限值 产品标准	厚度	抗拉强度 R_m	规定非比例延伸强度 $R_{p0.2}$	断后伸长率 $A_{50\ mm}$	断后伸长率 $A_{5.65}$	典型值 厚度	抗拉强度 R_m	规定非比例延伸强度 $R_{p0.2}$	断后伸长率① $A_{50\ mm}$	断后伸长率① $A_{5.65}$	备注
				mm	MPa	MPa	%	%	mm	MPa	MPa	%	%	
6060	T651	T651	GB/T 3880.2—2024	>12.50~40.00	≥250	≥210	—	≥7	15.00	279	258	—	14.5	热轧开坯
									20.00	287	261		12.5	
									30.00	283	263		12.5	
									40.00	291	270		13.5	
				>40.00~70.00					50.00	294	272		14.0	
									60.00	297	276		13.0	
6061	O	O		0.40~1.50	≤150	≤85	≥16	—	1.00	112	50	39.5	—	
				>1.50~3.00					2.00	114	61	32.0		
									2.00	123	74	21.0		可用作轮毂，热轧开坯
				>3.00~6.00			≥19		4.00	115	56	29.0		热轧开坯
									4.50	118	60	24.0		可用作轮毂，热轧开坯
									6.00	108	55	29.0		
				>6.00~12.50					10.00	111	71	32.5		热轧开坯
									12.00	111	65	37.5		
				>12.50~25.00			—	≥16	14.00	117	71	—	34.0	
									16.00	117	69		30.0	
									20.00	117	65		31.0	
				>25.00~150.00					27.00	110	62		30.0	

续表 1-9

牌号	供货状态	试样状态	室温拉伸力学性能											备注
			拉伸性能极限值						典型值					
			产品标准	厚度	抗拉强度 R_m	规定非比例延伸强度 $R_{p0.2}$	断后伸长率		厚度	抗拉强度 R_m	规定非比例延伸强度 $R_{p0.2}$	断后伸长率[①]		
							$A_{50\ mm}$	$A_{5.65}$				$A_{50\ mm}$	$A_{5.65}$	
				mm	MPa		%		mm	MPa		%		
6061	T1	T62	GB/T 3880.2—2024	>6.00~12.50	≥290	≥240	≥10	—	10.00	339	300	16.0	—	热轧开坯
				>12.50~25.00			—	≥8	14.00	340	305	—	13.5	
				>25.00~150.00					35.00	335	302		12.0	
	T451	T451		>40.00~80.00	≥205	≥110		≥14	80.00	245	174		19.0	
	T4	T4		0.40~1.50			≥12	—	1.20	231	145	20.0	—	
				>1.50~3.00			≥14		2.00	220	137	19.0		
				>6.00~12.50			≥18		10.00	233	151	25.5		
	T6	T6		0.40~1.50	≥290	≥240	≥6		0.60	300	260	9.0		
									1.00	309	275	10.0		
									1.00	312	262	10.0		可用作电池托盘，热轧开坯
				>1.50~3.00			≥7		2.00	304	266	11.0		热轧开坯
									2.00	298	255	11.0		可用作电池托盘，热轧开坯
				>3.00~6.00			≥10		3.20	291	244	12.5		
									5.00	308	265	13.0		热轧开坯
				>6.00~12.50					10.00	314	269	13.0		
				>12.50~40.00			—	≥8	14.00	314	264	—	13.0	
									35.00	309	267		10.0	

续表 1-9

牌号	供货状态	试样状态	产品标准	室温拉伸力学性能										备注
				拉伸性能极限值					典型值					
				厚度	抗拉强度 R_m	规定非比例延伸强度 $R_{p0.2}$	断后伸长率		厚度	抗拉强度 R_m	规定非比例延伸强度 $R_{p0.2}$	断后伸长率①		
							$A_{50\ mm}$	$A_{5.65}$				$A_{50\ mm}$	$A_{5.65}$	
				mm	MPa		%		mm	MPa		%		
6061	T6	T6	GB/T 3880.2—2024	>40.00~80.00	≥290	≥240	—	≥6	50.00	312	266	—	8.0	热轧开坯
									70.00	314	269		7.5	
				>80.00~100.00				≥5	90.00	307	275		6.5	
									100.00	314	265		6.0	
	T651	T651		5.00~12.50			≥10	—	6.35	323	291	16.5	—	
									10.00	320	290	17.5		
				>12.50~40.00			—	≥8	20.00	318	289	—	16.0	
									35.00	325	305		13.5	
				>40.00~80.00				≥6	50.80	320	290		11.5	
									80.00	310	275		14.5	
				>100.00~150.00	≥275			≥5	130.00	313	270		14.5	
				>150.00~250.00	≥265	≥230		≥4	200.00	314	279		11.0	
6063	O	O		0.50~1.50	≤130	—	≥20	—	1.50	86	—	34.5	—	
				>1.50~3.00					2.50	92		33.5		
				>3.00~6.00					4.00	88		33.5		
				>6.00~12.50					10.00	89		39.5		
				>12.50~25.00			—	≥20	16.00	84		—	34.0	
				>25.00~150.00					35.00	86	69		34.5	

续表 1-9

牌号	供货状态	试样状态	室温拉伸力学性能：拉伸性能极限值						室温拉伸力学性能：典型值					备注
			产品标准	厚度	抗拉强度 R_m	规定非比例延伸强度 $R_{p0.2}$	断后伸长率 $A_{50\ mm}$	断后伸长率 $A_{5.65}$	厚度	抗拉强度 R_m	规定非比例延伸强度 $R_{p0.2}$	断后伸长率[①] $A_{50\ mm}$	断后伸长率[①] $A_{5.65}$	
				mm	MPa	MPa	%	%	mm	MPa	MPa	%	%	
6063	T4	T4	GB/T 3880.2—2024	0.50~1.50	≥150	—	≥10	—	0.80	189	—	26.0	—	热轧开坯
6063	T4	T4	GB/T 3880.2—2024	>1.50~6.00	≥150	—	≥10	—	3.00	193	—	23.0	—	热轧开坯
6063	T4	T4	GB/T 3880.2—2024	>6.00~12.50	≥130	—	≥15	—	8.00	184	—	30.0	—	热轧开坯
6063	T4	T4	GB/T 3880.2—2024	>6.00~12.50	≥130	—	≥15	—	10.00	195	—	33.5	—	热轧开坯
6063	T4	T4	GB/T 3880.2—2024	>12.50~25.00	≥130	—	—	≥15	14.00	187	—	—	31.0	热轧开坯
6063	T4	T4	GB/T 3880.2—2024	>12.50~25.00	≥130	—	—	≥15	25.00	177	—	—	26.0	热轧开坯
6063	T4	T4	GB/T 3880.2—2024	>25.00~50.00	≥130	—	—	≥15	35.00	179	—	—	28.5	热轧开坯
6063	T4	T4	GB/T 3880.2—2024	>50.00~170.00	≥130	—	—	≥15	55.00	172	—	—	22.0	热轧开坯
6063	T6	T6	GB/T 3880.2—2024	0.50~1.50	≥240	≥190	≥8	—	1.00	263	241	12.0	—	热轧开坯
6063	T6	T6	GB/T 3880.2—2024	>1.50~3.00	≥240	≥190	≥8	—	3.00	261	243	13.5	—	热轧开坯
6063	T6	T6	GB/T 3880.2—2024	>3.00~6.00	≥240	≥190	≥8	—	6.00	257	235	14.0	—	热轧开坯
6063	T6	T6	GB/T 3880.2—2024	>6.00~12.50	≥230	≥180	≥8	—	6.30	239	211	17.5	—	热轧开坯
6063	T6	T6	GB/T 3880.2—2024	>6.00~12.50	≥230	≥180	≥8	—	8.20	240	213	18.5	—	热轧开坯
6063	T6	T6	GB/T 3880.2—2024	>6.00~12.50	≥230	≥180	≥8	—	10.00	247	218	20.5	—	热轧开坯
6063	T6	T6	GB/T 3880.2—2024	>6.00~12.50	≥230	≥180	≥8	—	12.40	243	213	20.0	—	热轧开坯
6063	T6	T6	GB/T 3880.2—2024	>12.50~25.00	≥230	≥180	—	≥8	14.30	248	222	—	18.5	热轧开坯
6063	T6	T6	GB/T 3880.2—2024	>12.50~25.00	≥230	≥180	—	≥8	15.00	259	219	—	14.5	热轧开坯
6063	T6	T6	GB/T 3880.2—2024	>12.50~25.00	≥230	≥180	—	≥8	15.30	244	218	—	17.0	热轧开坯

续表 1-9

牌号	供货状态	试样状态	室温拉伸力学性能											备注
			拉伸性能极限值						典型值					
			产品标准	厚度	抗拉强度 R_m	规定非比例延伸强度 $R_{p0.2}$	断后伸长率		厚度	抗拉强度 R_m	规定非比例延伸强度 $R_{p0.2}$	断后伸长率[①]		
							$A_{50\ mm}$	$A_{5.65}$				$A_{50\ mm}$	$A_{5.65}$	
				mm	MPa		%		mm	MPa		%		
6063	T6	T6	GB/T 3880.2—2024	>12.50~25.00	≥230	≥180	—	≥8	16.00	252	225	—	17.0	热轧开坯
									18.00	238	213		18.0	
									20.00	239	210		17.5	
									22.00	237	208		18.0	
									25.00	247	219		18.0	
				>25.00~50.00					28.00	243	214		17.0	
									30.00	238	209		18.0	
									35.50	244	212		18.5	
									40.00	247	218		18.0	
									40.00	254	226		12.0	
									45.50	238	209		17.5	
									50.00	265	239		11.0	
				>50.00~170.00				≥7	70.00	265	237		10.0	
									90.00	271	250		9.0	
									110.00	265	241		9.0	
									130.00	267	240		9.0	
									170.00	256	230		9.0	
	T651	T651		6.00~12.50			≥8	—	6.16	251	224	18.0	—	

续表 1-9

牌号	供货状态	试样状态	室温拉伸力学性能											备注
			拉伸性能极限值					典型值						
			产品标准	厚度	抗拉强度 R_m	规定非比例延伸强度 $R_{p0.2}$	断后伸长率 $A_{50\ mm}$	断后伸长率 $A_{5.65}$	厚度	抗拉强度 R_m	规定非比例延伸强度 $R_{p0.2}$	断后伸长率[①] $A_{50\ mm}$	断后伸长率[①] $A_{5.65}$	
				mm	MPa	MPa	%	%	mm	MPa	MPa	%	%	
6063	T651	T651	GB/T 3880.2—2024	6.00~12.50	≥230	≥180	≥8	—	6.30	249	218	17.5	—	热轧开坯
									8.20	240	212	17.0		
									10.00	236	208	17.5		
									12.40	234	203	17.0		
				>12.50~25.00			—	≥8	16.00	252	225	—	17.5	
									18.00	247	221		18.0	
									20.00	252	225		19.0	
									21.00	251	224		18.5	
									22.00	249	224		18.5	
				>25.00~60.00	≥230	≥180			25.40	249	219		18.0	
									28.38	249	219		17.0	
									30.38	248	221		17.5	
									40.43	247	218		17.5	
									45.50	240	213		17.5	
									50.50	237	211		18.5	
									55.60	238	208		19.0	
6082	O	O		0.40~1.50	≤150	≤85	≥14	—	0.70	133	68	22.0	—	
									1.20	133	81	23.0		

续表 1-9

牌号	供货状态	试样状态	室温拉伸力学性能											备注
			拉伸性能极限值					典型值						
			产品标准	厚度	抗拉强度 R_m	规定非比例延伸强度 $R_{p0.2}$	断后伸长率 $A_{50\ mm}$	断后伸长率 $A_{5.65}$	厚度	抗拉强度 R_m	规定非比例延伸强度 $R_{p0.2}$	断后伸长率[①] $A_{50\ mm}$	断后伸长率[①] $A_{5.65}$	
				mm	MPa	MPa	%	%	mm	MPa	MPa	%	%	
6082	O	O	GB/T 3880.2—2024	>1.50~3.00	≤150	≤85	≥16	—	2.60	132	81	20.0	—	热轧开坯
				>3.00~6.00			≥18		3.15	123	71	24.0		
				>6.00~12.50			≥19		6.95	105	59	—	39.0	
	T4	T4		0.40~1.50	≥205	≥110	≥12		0.90	270	164	18.0	—	
				>1.50~3.00			≥14		1.60	262	158	18.0		
									2.50	272	160	19.0		
				>3.00~6.00					4.00	281	182	16.0		
	T6	T6		0.40~1.50	≥310	≥260	≥6		0.70	337	290	11.0		
									1.50	348	308	11.0		
				>1.50~3.00			≥7		2.00	345	317	11.0		
				>1.50~3.00					3.00	334	302	11.0		
				>3.00~6.00			≥9		5.00	331	291	10.5		
				>6.00~12.50	≥300	≥255			8.00	326	294	10.0		
									10.00	321	294	9.0		
				>12.50~60.00	≥295	≥240	—	≥8	15.00	335	312	—	9.0	
									20.00	338	305		10.0	
									30.00	336	307		10.0	
									40.00	334	302		11.0	

续表 1-9

牌号	供货状态	试样状态	室温拉伸力学性能											备注
			拉伸性能极限值						典型值					
			产品标准	厚度	抗拉强度 R_m	规定非比例延伸强度 $R_{p0.2}$	断后伸长率		厚度	抗拉强度 R_m	规定非比例延伸强度 $R_{p0.2}$	断后伸长率[①]		
							$A_{50\,mm}$	$A_{5.65}$				$A_{50\,mm}$	$A_{5.65}$	
				mm	MPa		%		mm	MPa		%		
6082	T6	T6	GB/T 3880.2—2024	>12.50~60.00	≥295	≥240	—	≥8	50.00	334	305	—	10.0	热轧开坯
				>60.00~100.00				≥7	70.00	332	294		10.0	
									90.00	344	312		10.0	
									100.00	341	303		10.0	
				>100.00~150.00	≥275			≥6	120.00	332	290		9.0	
									140.00	324	279		9.0	
									150.00	332	289		9.0	
				>150.00~200.00		≥230		≥4	181.30	303	269		9.5	
	T651	T651		>3.00~6.00	≥310	≥260	≥8	—	6.00	316	302	10.5	—	
				>6.00~12.50	≥300	≥255			8.00	320	300	12.5		
				>12.50~60.00	≥295	≥240	—	≥8	15.00	330	290	—	16.5	
									36.00	314	290		12.5	
									41.00	324	290		10.5	
				>100.00~150.00	≥275			≥6	150.00	324	303		12.5	
6A02	O	O		>0.50~4.50	≤145	—	≥21	—	0.70	122	—	22.0	—	
									1.50	119		23.0		
									3.00	120		25.5		

续表 1-9

牌号	供货状态	试样状态	产品标准	室温拉伸力学性能										备注
				拉伸性能极限值					典型值					
				厚度	抗拉强度 R_m	规定非比例延伸强度 $R_{p0.2}$	断后伸长率		厚度	抗拉强度 R_m	规定非比例延伸强度 $R_{p0.2}$	断后伸长率①		
							$A_{50\ mm}$	$A_{5.65}$				$A_{50\ mm}$	$A_{5.65}$	
				mm	MPa		%		mm	MPa		%		
6A02	O	O	GB/T 3880.2—2024	>4.50~10.00	≤145	—	≥21	—	5.00	117	—	27.0	—	热轧开坯
	T4	T4		>0.50~2.90	≥195				1.50	256		22.5		
				>2.90~4.50			≥19		3.00	250		22.5		
				>4.50~10.00	≥175		≥17		6.00	250		20.0		
	T1	T62		>12.50~25.00	≥295		—	≥7	15.00	346	274	—	17.5	
				>25.00~50.00	≥285			≥6	32.00	336	269		13.5	
				>50.00~90.00	≥275				60.00	338	259		18.0	
	T6	T6		>0.50~4.50	≥295		≥11	—	2.00	338	—	12.0	—	
				>4.50~10.00			≥8		6.00	343		15.5		
									10.00	363		11.0		
7005				>3.00~6.00	≥400	≥350			6.00	465	430	14.5		
				>12.50~25.00			—	≥8	20.00	460	430	—	15.5	
7020	O	O		>1.50~3.00	≤230	≤170	≥13	—	3.00	203	143	18.5	—	
	T6	T6		>1.50~3.00	≥350	≥280	≥8		2.00	420	380	10.0		
				>3.00~6.00			≥10		6.00	399	354	12.0		
				>6.00~12.50					8.00	403	355	14.0		
									10.00	390	350	14.0		

续表 1-9

牌号	供货状态	试样状态	室温拉伸力学性能											备注
			拉伸性能极限值						典型值					
			产品标准	厚度	抗拉强度 R_m	规定非比例延伸强度 $R_{p0.2}$	断后伸长率		厚度	抗拉强度 R_m	规定非比例延伸强度 $R_{p0.2}$	断后伸长率①		
							$A_{50\ mm}$	$A_{5.65}$				$A_{50\ mm}$	$A_{5.65}$	
				mm	MPa		%		mm	MPa		%		
7020	T6	T6	GB/T 3880.2—2024	>12.50~40.00	≥350	≥280	—	≥9	15.00	400	355	—	13.5	热轧开坯
									30.00	430	385		13.5	
				>40.00~60.00	≥340	≥270		≥8	52.00	377	332		14.0	
	T651	T651		>6.00~12.50	≥350	≥280	≥10	—	8.00	403	355	15.0	—	
				>12.50~40.00			—	≥9	24.00	405	355	—	17.5	
				>40.00~60.00	≥340	≥270		≥8	52.00	405	355		12.5	
	T4	T4		>1.50~3.00	≥320	≥210	≥12	—	3.00	367	232	18.0	—	
7021	T6	T6		>1.50~3.00	≥400	≥350	≥7		2.50	471	421	15.0		
				>3.00~6.00			≥8		3.90	470	420	12.0		
									4.00	466	417	13.0		
7050	T7451	T7451		6.00~12.50	≥500	≥430	≥9		10.00	533	450	13.0		
				>12.50~51.00			—	≥9	50.00	532	465	—	12.0	
				>51.00~76.00	≥490	≥420		≥8	75.00	529	459		11.5	
				>76.00~102.00	≥480	≥410		≥6	80.00	526	457		11.0	
				>102.00~127.00	≥475	≥405		≥5	110.00	511	438		12.5	
				>127.00~152.00	≥470	≥400		≥4	130.00	510	434		10.0	
				>152.00~178.00	≥465	≥390			160.00	510	430		8.0	
				>178.00~203.00	≥455	≥380			200.00	494	416		8.0	
	T7651	T7651		>12.50~51.00	≥510	≥440		≥8	18.00	550	498		12.5	

续表 1-9

牌号	供货状态	试样状态	室温拉伸力学性能											备注
			拉伸性能极限值						典型值					
			产品标准	厚度	抗拉强度 R_m	规定非比例延伸强度 $R_{p0.2}$	断后伸长率 $A_{50\ mm}$	断后伸长率 $A_{5.65}$	厚度	抗拉强度 R_m	规定非比例延伸强度 $R_{p0.2}$	断后伸长率[1] $A_{50\ mm}$	断后伸长率[1] $A_{5.65}$	
				mm	MPa	MPa	%	%	mm	MPa	MPa	%	%	
7075	O	O	GB/T 3880.2—2024	>0.40~0.80	≤275	≤145	≥10	—	0.80	201	97	16.0	—	热轧开坯
				>0.80~1.50			≥11		1.27	188	95	18.0		
				>1.50~3.00			≥12		1.60	187	89	17.5		
									2.80	192	97	18.0		
				>3.00~6.00			≥13		4.00	196	102	21.0		
				>6.00~12.50			≥14		6.30	194	89	22.5		
				>12.50~15.00		—	—	≥15	15.00	198	99	—	20.0	
		T62		>0.80~1.50	≥540	≥460	≥6	—	1.27	559	505	13.5	—	
				>1.50~3.00		≥470	≥7		1.80	566	510	12.0		
									3.00	554	490	12.0		
				>3.00~6.00	≥545	≥475	≥8		4.00	558	496	10.5		
				>6.00~12.50	≥540	≥460			6.35	560	510	11.5		
									9.50	592	515	12.0		
				>12.50~25.00		≥470	—	≥6	12.00	586	507	—	12.0	
									19.00	585	513		12.0	
				>25.00~50.00	≥530	≥460		≥5	25.40	568	510		10.0	
									38.10	563	505		10.0	
									45.00	565	505		12.0	

续表 1-9

牌号	供货状态	试样状态	室温拉伸力学性能											备注
			拉伸性能极限值					典型值						
			产品标准	厚度	抗拉强度 R_m	规定非比例延伸强度 $R_{p0.2}$	断后伸长率 $A_{50\ mm}$	断后伸长率 $A_{5.65}$	厚度	抗拉强度 R_m	规定非比例延伸强度 $R_{p0.2}$	断后伸长率[①] $A_{50\ mm}$	断后伸长率[①] $A_{5.65}$	
				mm	MPa		%		mm	MPa		%		
7075	O	T62	GB/T 3880.2—2024	>60.00~75.00	≥495	≥420	—	≥4	70.00	566	503	—	12.5	热轧开坯
	T1			>6.00~12.50	≥540	≥460	≥8	—	10.00	603	562	10.0	—	
				>12.50~25.00		≥470	—	≥6	15.00	600	565	—	12.5	
				>25.00~50.00	≥530	≥460		≥5	35.00	595	565		12.5	
	T6	T6		>0.40~0.80	≥525		≥6	—	0.80	557	490	11.5	—	
				>0.80~1.50	≥540				1.50	555	497	12.0		
				>1.50~3.00		≥470	≥7		1.80	565	485	8.0		盾牌料，需方对该产品规定非比例延伸强度有较低要求
									2.50	551	477	9.0		
				>3.00~6.00	≥545	≥475	≥8		4.00	546	476	9.0		
									5.70	561	478	9.0		
				>6.00~12.50	≥540	≥460			8.00	570	497	12.0		热轧开坯
									10.00	573	507	10.0		
				>12.50~25.00		≥470	—	≥6	20.00	559	490	—	11.0	
				>25.00~50.00	≥530	≥460		≥5	30.00	566	496		11.0	
									40.00	542	470		9.5	
				>50.00~60.00	≥525	≥440		≥4	60.00	554	462		8.5	
				>60.00~80.00	≥495	≥420			70.00	538	462		8.0	
									80.00	536	454		8.0	

续表 1-9

牌号	供货状态	试样状态	室温拉伸力学性能											备注
			拉伸性能极限值					典型值						
			产品标准	厚度	抗拉强度 R_m	规定非比例延伸强度 $R_{p0.2}$	断后伸长率 $A_{50\ mm}$	断后伸长率 $A_{5.65}$	厚度	抗拉强度 R_m	规定非比例延伸强度 $R_{p0.2}$	断后伸长率[①] $A_{50\ mm}$	断后伸长率[①] $A_{5.65}$	
				mm	MPa	MPa	%	%	mm	MPa	MPa	%	%	
7075	T6	T6	GB/T 3880.2—2024	>90.00~100.00	≥460	≥360	—	≥3	100.00	499	406	—	7.0	热轧开坯
				>120.00~150.00	≥360	≥260		≥2	132.00	486	388		6.0	
									150.00	476	372		6.0	
				>150.00~200.00		≥240			180.00	450	356		6.0	
									200.00	431	321		5.0	
包铝 7075				>0.80~1.60	≥495	≥425	≥9	—	1.20	522	450	11.0	—	
7075	T651	T651		>1.50~3.00	≥545	≥475	≥7		1.56	578	508	12.0		
				>6.00~12.50	≥540	≥470	≥8		6.35	568	489	14.0		
									10.00	566	497	12.5		
				>12.50~25.00			—	≥6	15.00	559	495	—	12.0	
									20.00	552	492		12.5	
									25.00	553	480		12.0	
				>25.00~50.00	≥530	≥460		≥5	30.00	550	480		11.0	
									40.00	548	477		12.0	
									50.00	546	468		11.5	
				>50.00~60.00	≥525	≥440		≥4	60.00	543	463		10.5	
				>60.00~80.00	≥495	≥420			70.00	539	464		10.0	
				>80.00~90.00	≥490	390			90.00	528	444		8.5	

续表 1-9

牌号	供货状态	试样状态	室温拉伸力学性能											备注
			拉伸性能极限值					典型值						
			产品标准	厚度	抗拉强度 R_m	规定非比例延伸强度 $R_{p0.2}$	断后伸长率		厚度	抗拉强度 R_m	规定非比例延伸强度 $R_{p0.2}$	断后伸长率①		
							$A_{50\ mm}$	$A_{5.65}$				$A_{50\ mm}$	$A_{5.65}$	
				mm	MPa		%		mm	MPa		%		
7075	T651	T651	GB/T 3880.2—2024	>90.00~100.00	≥460	≥360	—	≥3	100.00	520	436	—	8.0	热轧开坯
				>100.00~120.00	≥410	≥300		≥2	120.00	498	404		9.0	
				>120.00~150.00	≥360	≥260			150.00	466	358		7.5	
				>150.00~203.00		≥240			180.00	454	346		8.0	
									200.00	439	329		9.0	
	T73	T73		>1.50~3.00	≥460	≥385	≥7	—	3.00	486	416	10.0	—	
				>3.00~6.00			≥8		4.00	482	410	10.5		
				>60.00~80.00	≥440	≥340	—	≥5	70.00	484	408	—	10.0	
									80.00	484	402		10.0	
	T7351	T7351		>12.50~25.00	≥475	≥390		≥6	14.00	505	430		10.0	
									20.00	500	423		11.0	
				>25.00~50.00				≥5	30.00	506	431		11.0	
				>50.00~60.00	≥455	≥360			51.00	500	424		10.0	
				>60.00~80.00	≥440	≥340			70.00	478	413		10.0	
				>80.00~100.00	≥430				95.00	471	393		10.0	
				>100.00~120.00	≥420	≥320		≥4	107.00	457	374		10.0	
				>120.00~203.00	≥400	≥300			127.00	444	353		9.0	
									150.00	424	330		9.0	

续表 1-9

牌号	供货状态	试样状态	室温拉伸力学性能											备注
			拉伸性能极限值						典型值					
			产品标准	厚度	抗拉强度 R_m	规定非比例延伸强度 $R_{p0.2}$	断后伸长率		厚度	抗拉强度 R_m	规定非比例延伸强度 $R_{p0.2}$	断后伸长率①		
							$A_{50\ mm}$	$A_{5.65}$				$A_{50\ mm}$	$A_{5.65}$	
				mm	MPa		%		mm	MPa		%		
7075	T76	T76	GB/T 3880. 2—2024	>1. 50~3. 00	≥500	≥425	≥7	—	2. 50	529	461	9. 5	—	热轧开坯
									3. 00	529	458	9. 5		
				>3. 00~6. 00			≥8		4. 00	533	457	10. 0		
				>6. 00~12. 50	≥490	≥415	≥7		6. 40	529	460	9. 0		
									8. 00	531	458	9. 0		
7475	O	O		>0. 40~1. 00	≤250	≤140	≥10		1. 00	178	83	23. 5		
				>1. 00~1. 60					2. 00	175	85	26. 0		
				>1. 60~3. 20	≤260				3. 00	185	96	28. 5		
				>3. 20~4. 80					4. 00	185	98	22. 0		
				>4. 80~6. 50	≤270	≤145			6. 00	185	91	19. 5		
	T7351	T7351		>5. 00~12. 50	≥490	≥415			6. 35	527	454	13. 0		
									8. 00	519	449	12. 0		
				>12. 50~40. 00			—	≥9	14. 00	513	442	—	14. 0	
									20. 00	525	456		14. 0	
									35. 00	528	462		13. 5	
				>40. 00~75. 00	≥490	≥415		≥8	44. 45	509	437		13. 5	
									63. 50	491	415		15. 5	
				>75. 00~100. 00	≥475	≥390			76. 20	490	412		14. 0	
									88. 90	482	400		14. 0	
				>100. 00~200. 00	≥450	≥365			101. 00	475	393		14. 0	

续表 1-9

牌号	供货状态	试样状态	室温拉伸力学性能											备注
			拉伸性能极限值						典型值					
			产品标准	厚度	抗拉强度 R_m	规定非比例延伸强度 $R_{p0.2}$	断后伸长率		厚度	抗拉强度 R_m	规定非比例延伸强度 $R_{p0.2}$	断后伸长率[1]		
							$A_{50\ mm}$	$A_{5.65}$				$A_{50\ mm}$	$A_{5.65}$	
				mm	MPa		%		mm	MPa		%		
包铝 7475	T761	T761	GB/T 3880.2—2024	>0.40~1.60	≥455	≥380	≥9	—	1.00	463	401	12.5	—	热轧开坯
				>1.60~4.80	≥470	≥390			3.00	480	427	15.5		
									4.00	478	421	13.0		
				>4.80~6.00	≥480	≥410			6.00	497	433	13.0		
7A04	T1	T62		>6.00~12.50	≥490		≥7		10.00	578	493	13.5		
				>12.50~25.00			—	≥5	20.00	615	567	—	12.0	
				>25.00~75.00				≥3	35.00	613	550		12.5	
									50.00	598	533		12.0	
									60.00	605	548		12.0	
				>75.00~100.00				≥4	76.00	597	535		11.5	
									100.00	588	531		11.0	
	T6	T6		>6.00~12.50	≥510	≥430	≥7	—	15.00	593	539		9.0	
				>12.50~25.00	≥490	≥410	—	≥5	25.00	589	526		8.0	
				>25.00~75.00				≥4	30.00	590	531		7.5	
									50.00	577	508		12.0	
									60.00	568	500		6.0	
									75.00	562	492		6.5	
				>75.00~155.00				≥3	100.00	547	465		7.5	

续表 1-9

牌号	供货状态	试样状态	室温拉伸力学性能											备注
			拉伸性能极限值					典型值						
			产品标准	厚度	抗拉强度 R_m	规定非比例延伸强度 $R_{p0.2}$	断后伸长率 $A_{50\ mm}$	断后伸长率 $A_{5.65}$	厚度	抗拉强度 R_m	规定非比例延伸强度 $R_{p0.2}$	断后伸长率[1] $A_{50\ mm}$	断后伸长率[1] $A_{5.65}$	
				mm	MPa	MPa	%	%	mm	MPa	MPa	%	%	
包铝 7A04	T6	T6	GB/T 3880.2—2024	>0.50~1.60	≥480	≥400	≥7	—	1.00	545	496	12.0	—	热轧开坯
				>1.60~10.00	≥490	≥410			2.00	543	490	13.0		
									3.00	549	487	11.0		
									4.00	563	497	9.5		
									6.00	565	489	9.5		
									10.00	576	488	13.0		
7A09	T1	T62		>6.00~12.50					10.00	580	514	14.0		
				>12.50~25.00			—	≥5	16.00	588	530	—	13.0	
									25.00	583	529		11.5	
				>25.00~75.00				≥3	35.00	571	513		13.5	
									50.00	575	504		12.5	
									65.00	568	511		9.5	
				>75.00~100.00				≥4	80.00	561	504		12.0	
								≥3	90.00	568	503		13.0	
	T6	T6		>12.50~25.00				≥5	13.00	589	521		13.5	
									20.00	577	511		13.5	
				>25.00~75.00				≥4	30.00	566	499		13.0	
									60.00	540	475		11.5	
									65.00	545	475		11.5	

续表 1-9

牌号	供货状态	试样状态	室温拉伸力学性能											备注
			拉伸性能极限值						典型值					
			产品标准	厚度	抗拉强度 R_m	规定非比例延伸强度 $R_{p0.2}$	断后伸长率 $A_{50\ mm}$	断后伸长率 $A_{5.65}$	厚度	抗拉强度 R_m	规定非比例延伸强度 $R_{p0.2}$	断后伸长率[①] $A_{50\ mm}$	断后伸长率[①] $A_{5.65}$	
				mm	MPa	MPa	%	%	mm	MPa	MPa	%	%	
包铝7A09	O	O	GB/T 3880.2—2024	>0.50~1.60	≤245	—	≥11	—	1.00	182	—	20.0	—	热轧开坯
									1.50	178		18.5		
				>1.60~10.00					2.00	174		19.0		
									2.85	206	111	19.0		
									4.00	189	—	18.0		
	T6	T6		>0.50~1.60	≥480	≥400	≥7		1.20	517	450	13.5		
				>1.60~10.00	≥490	≥410			2.00	525	468	14.0		
									8.00	551	470	11.5		
7A52				>3.00~6.00	≥410	≥345			5.00	485	440	8.0		
				>6.00~12.50					12.00	500	450	9.0		
				>12.50~25.00			—	≥7	20.00	505	460	—	11.0	
				>25.00~100.00					40.00	510	470		9.0	
8006	H16	H16		>0.20~0.50	160~220	—	≥2	—	0.30	179	—	3.5	—	
8011	O	O			80~130		≥19		0.21	95		30.0		铸轧开坯
									0.30	92		33.0		热轧开坯
									0.30	84		37.2		铸轧开坯

续表 1-9

牌号	供货状态	试样状态	室温拉伸力学性能											备注
			拉伸性能极限值						典型值					
			产品标准	厚度	抗拉强度 R_m	规定非比例延伸强度 $R_{p0.2}$	断后伸长率 $A_{50\ mm}$	断后伸长率 $A_{5.65}$	厚度	抗拉强度 R_m	规定非比例延伸强度 $R_{p0.2}$	断后伸长率[①] $A_{50\ mm}$	断后伸长率[①] $A_{5.65}$	
				mm	MPa	MPa	%	%	mm	MPa	MPa	%	%	
8011	O	O	GB/T 3880.2—2024	>0.20~0.50	80~130	—	≥19	—	0.30	102	—	30.0	—	连铸连轧开坯
	H22	H22			105~145	≥90	≥6		0.21	123		20.0		
									0.21	122		28.2		铸轧开坯
									0.25	123		32.2		
	H14	H14			125~165	—	≥2		0.22	136		2.5		热轧开坯
									0.26	146		3.4		铸轧开坯
									0.30	140		2.5		热轧开坯
	H24	H24					≥4		0.32	134		9.0		
				>0.50~1.50			≥5		0.70	143		21.2		连铸连轧开坯
	H16	H16		>0.20~0.50	130~185		≥1		0.30	151		1.6		热轧开坯
	H18	H18		>0.20~3.50	≥160	≥145			0.21	173		6.0		连铸连轧开坯
									0.30	178		3.9		热轧开坯
	H19	H19		>0.20~0.50	≥210	—			0.90	236		5.9		连铸连轧开坯
									0.21	235		5.3		铸轧开坯
8011A	H14	H14			120~170	≥110	≥3		0.30	134		9.0		热轧开坯
	H18	H18			≥160	≥145	≥1		0.26	180		3.6		铸轧开坯

续表 1-9

牌号	供货状态	试样状态	室温拉伸力学性能：拉伸性能极限值：产品标准	厚度	抗拉强度 R_m	规定非比例延伸强度 $R_{p0.2}$	断后伸长率 $A_{50\ mm}$	断后伸长率 $A_{5.65}$	典型值：厚度	抗拉强度 R_m	规定非比例延伸强度 $R_{p0.2}$	断后伸长率[①] $A_{50\ mm}$	断后伸长率[①] $A_{5.65}$	备注
				mm	MPa	MPa	%	%	mm	MPa	MPa	%	%	
8011A	H18	H18	GB/T 3880.2—2024	>0.20~0.50	≥160	≥145	≥1	—	0.28	176	—	3.6	—	连铸连轧开坯
									0.30	170		2.0		热轧开坯
8021	H14	H14			130~190	≥100	≥2		0.24	149	130	4.0		
									0.28	151	138	4.0		
									0.30	148	126	2.4		
									0.35	149	135	3.4		
	H18	H18			≥160	≥145	≥1		0.30	186	165	3.3		
8079	H12	H12			115~165	—	≥2		0.22	129	—	3.4		铸轧开坯
									0.24	127		3.6		
	H14	H14			125~175				0.30	138		2.5		热轧开坯
									0.30	143		3.8		
									0.30	142		5.0		
									0.30	141		4.8		
									0.24	148		3.1		
8011					125~165				0.24	149		4.0		铸轧开坯

注：在本表中，1×××、3×××、5×××、8×××系试样方向为纵向，2×××、6×××、7×××系试样方向为横向。

① 制样或测试方法的微小差异，可能导致伸长率测试结果偏离。

1.10　软包装用铝及铝合金箔

软包装用铝及铝合金箔在使用过程中通常与纸、塑料等材料复合制成各种袋、盒、套、包封等包装容器，由于铝箔具有极强的隔绝氧气、光线、紫外线、水汽和细菌等的能力，可以大幅度延长被包装物的保质期并具有保鲜、保香功能，同时还具有轻便、美观、结构和印刷设计灵活等特点，现已成为食品、饮料、医药的主要包装方式之一。

软包装用铝及铝合金箔常用牌号为1×××系和8×××系，典型产品厚度为0.006~0.009 mm，产品状态为O态，抗拉强度范围为50~100 MPa。

软包装用铝及铝合金箔典型照片见图1-2。软包装用铝及铝合金箔典型状态与性能见表1-10。

图1-2　软包装用铝及铝合金箔典型照片
（厦门厦顺铝箔有限公司提供）

表1-10　软包装用铝及铝合金箔典型状态与性能

牌号	状态	室温拉伸力学性能									
		拉伸性能极限值					典型值				
		产品标准	厚度	抗拉强度 R_m	规定非比例延伸强度 $R_{p0.2}$	断后伸长率 $A_{100\ mm}$	厚度	抗拉强度 R_m	规定非比例延伸强度 $R_{p0.2}$	断后伸长率① $A_{50\ mm}$	断后伸长率① $A_{100\ mm}$
			mm	MPa		%	mm	MPa		%	
1235	O	GB/T 22647—2008	0.0060~0.0090	50~100	—	≥1.0	0.0060	70	—	1.1	—
							0.0070	65		—	2.7
							0.0090	66			3.7
			>0.0090~0.0120	60~100		≥1.5	0.0120	66			4.0

续表 1-10

牌号	状态	室温拉伸力学性能									
		拉伸性能极限值					典型值				
		产品标准	厚度	抗拉强度 R_m	规定非比例延伸强度 $R_{p0.2}$	断后伸长率 $A_{100\ mm}$	厚度	抗拉强度 R_m	规定非比例延伸强度 $R_{p0.2}$	断后伸长率[①] $A_{50\ mm}$	断后伸长率[①] $A_{100\ mm}$
			mm	MPa		%	mm	MPa		%	
8011	O	GB/T 22647—2008	0.0060~0.0090	50~100	—	≥1.0	0.0090	91	—	—	2.9
			>0.0090~0.0120	60~100		≥1.5	0.0120	89		3.6	—
8021			0.0060~0.0090	50~100		≥1.0	0.0070	85		—	2.8
8079			0.0060~0.0090			≥1.0	0.0060	68		2.1	—
							0.0070	76		2.8	
							0.0090	77		3.9	
							0.0090	79		—	3.6
			>0.0090~0.0120	60~100		≥1.5	0.0120	72	39	4.6	—
8111			0.0060~0.0090	50~100		≥1.0	0.0060	61	—	—	1.7
							0.0070	60			1.9
							0.0090	64			2.5

① 制样或测试方法的微小差异，可能导致伸长率测试结果偏离。

1.11　铝塑复合软管及电池软包用铝箔

铝塑复合软管及电池软包装铝箔因其具有重量轻、密封性能好、成本低、可回收等特点，已成为铝箔中应用最为广泛的产品之一。其中，软管用铝箔被越来越广泛地应用于各种牙膏、药用软包上。电池软包用铝箔产品，是伴随着国家新能源发展战略而发展起来的一种新兴的铝箔品种，主要用于动力电池外包装的铝塑膜的基础材料，而且用量越来越大。

铝塑复合软管、电池软包用铝箔常用牌号为 1235、8011、8021、8079、8A21，产品状态均为 O 态。软管用铝箔主流产品厚度集中在 0.009~0.020 mm，电池软包用铝箔厚度集中在 0.035~0.055 mm，宽度范围为 200.0~1400.0 mm，常用的管芯外径主要为 75.0 mm、76.2 mm、150.0 mm、152.4 mm，典型卷外径为 380 mm、450 mm。铝塑复合软管及电池软包用铝箔典型状态与性能见表 1-11。

表 1-11　铝塑复合软管及电池软包用铝箔典型状态与性能

牌号	状态	室温拉伸力学性能										备注
		拉伸性能极限值					典型值					
		产品标准	厚度	抗拉强度 R_m	规定非比例延伸强度 $R_{p0.2}$	断后伸长率 $A_{100\ mm}$	厚度	抗拉强度 R_m	规定非比例延伸强度 $R_{p0.2}$	断后伸长率[①] $A_{50\ mm}$	断后伸长率[①] $A_{100\ mm}$	
			mm	MPa		%	mm	MPa		%		
1235	O	GB/T 22648—2023	0.009~0.012	60~90	—	≥2.0	0.009	61	—	2.2	—	—
							0.010	65		2.0		
8011			0.009~0.012	85~115		≥2.5	0.009	94		—	3.0	建议 R_m: 70~115
							0.010	86			2.6	
							0.012	77			2.5	
8021			0.035~0.045			≥16.0	0.035	95			16.0	—
							0.040	85			17.3	
							0.040	94			17.0	
							0.045	93			19.8	
							0.045	88		20.0	—	
		—	>0.045~0.055				0.050	100		22.7		
							0.055	93		—	21.4	
8079		GB/T 22648—2023	0.009~0.012	65~105		≥2.0	0.009	65		2.0	—	
							0.010	71		2.5		
							0.012	83		5.0		
			0.040~0.055	80~110		≥16.0	0.040	92		22.7		
							0.055	90		27.4		
8A21			0.040~0.050	85~115			0.040	93		—	18.3	
							0.050	85			20.2	

① 制样或测试方法的微小差异，可能导致伸长率测试结果偏离。

1.12 锂离子电池用铝及铝合金箔

铝及铝合金箔作为锂离子电池的正极集流体材料，其作用是承载正极活性物质，同时将电池正极活性物质产生的电流汇集起来传导至外电路。在锂离子电池制造过程中，铝箔表面会涂布正极材料或者先涂布导电材料再涂布正极材料，经过辊压制成正极极片，然后与隔膜、负极极片按顺序卷绕成电池的裸电芯或者切片后与隔膜、负极极片堆叠成裸电芯，裸电芯装入包装并注入电解液后进行封装和化成便制成了电芯。为防止电池制造过程中发生断带，铝箔必须具备足够高的抗拉强度和断后伸长率，因此通常以 H18 全硬状态或 H19 超硬状态交货。随着锂电技术的不断发展，电池的能量密度需求越来越高、重量越来越轻，而在铝箔方面最主要的要求就是不断降低厚度，同时不能降低其承载能力和制造过程质量，因此对铝箔力学性能的要求也在持续提高。

锂离子电池用铝及铝合金箔的牌号为 1050、1060、1070、1100、1C30、1235、8A21，典型产品厚度为 0.010~0.015 mm，产品状态为 H18，抗拉强度范围为 165~260 MPa。锂离子电池用铝及铝合金箔典型照片见图 1-3。锂离子电池用铝及铝合金箔典型状态与性能见表 1-12。

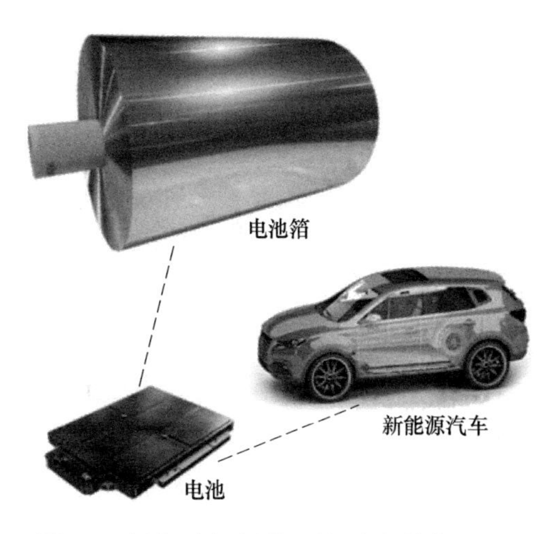

图 1-3 锂离子电池用铝及铝合金箔典型照片
（厦门厦顺铝箔有限公司提供）

表 1-12　锂离子电池用铝及铝合金箔典型状态与性能

牌号	状态①	室温拉伸力学性能										
		拉伸性能极限值						典型值				
		产品标准	厚度	抗拉强度 R_m	规定非比例延伸强度 $R_{p0.2}$	断后伸长率 $A_{50\ mm}$	断后伸长率 $A_{100\ mm}$	厚度	抗拉强度 R_m	规定非比例延伸强度 $R_{p0.2}$	断后伸长率② $A_{50\ mm}$	断后伸长率② $A_{100\ mm}$
			mm	MPa	MPa	%	%	mm	MPa	MPa	%	%
1050	H18	GB/T 33143—2022	0.010~0.013	≥190	—	≥3.0（双面光）	≥2.5（双面光）	0.012	230	—	3.0	—
								0.013	230		3.1	
1060								0.012	217		—	2.8
								0.012	192		3.3	—
								0.013	193		3.4	2.6
			>0.013~0.015					0.015	196		—	3.0
								0.015	192		3.1	2.5
			>0.015~0.020	≥185				0.020	190		3.2	3.1
1070			≤0.010			—	≥2.0（双面光）	0.010	189		—	2.1
			>0.010~0.013	≥185				0.013	187	162	—	2.3
			>0.013~0.015	≥180				0.015	183	—		2.2
			>0.015~0.020	≥175				0.020	178			2.3
1080		—	>0.013~0.015	≥175		≥2.0	—	0.014	186		3.4	—
1100		GB/T 33143—2022	≤0.010	≥230		≥3.0（双面光）	≥2.0（双面光）	0.008	278		—	2.2
								0.009	264		3.0	—
								0.010	231		3.0	2.0
			>0.010~0.013					0.012	234	199	—	2.1

续表 1-12

牌号	状态①	室温拉伸力学性能										
		拉伸性能极限值						典型值				
		产品标准	厚度	抗拉强度 R_m	规定非比例延伸强度 $R_{p0.2}$	断后伸长率 $A_{50\ mm}$	断后伸长率 $A_{100\ mm}$	厚度	抗拉强度 R_m	规定非比例延伸强度 $R_{p0.2}$	断后伸长率② $A_{50\ mm}$	断后伸长率② $A_{100\ mm}$
			mm	MPa		%		mm	MPa		%	
1100	H18	GB/T 33143—2022	>0.010~0.013	≥230	—	≥3.0（双面光）	≥2.0（双面光）	0.012	230	—	3.1	—
			>0.013~0.015	≥220			—	0.014	258		3.0	
								0.015	251		3.0	
1200		—	>0.010~0.013	≥220		—	≥2.0	0.013	238	200	—	4.0
1235		GB/T 33143—2022	>0.013~0.015	≥185		≥2.0（单面光）	—	0.015	186	—	2.4	—
			>0.015~0.020	≥175				0.016	184		2.8	
1C30			≤0.010	≥220		—	≥2.0（单面光）	0.010	220		—	2.2
			>0.010~0.013	≥230		≥2.0（单面光）	—	0.012	230		3.1	—
			>0.013~0.015	≥225		≥2.5（单面光）	≥2.0（单面光、双面光）	0.015	282		—	2.6
								0.015	227		2.6	2.1
			>0.015~0.020	≥220		≥3.0（双面光）	≥2.5（单面光）	0.016	230		3.0	—
								0.016	222		—	2.6
								0.017	286		3.3	—
8A21			>0.013~0.015	≥165		≥4.0（单面光）	—	0.015	187		4.0	

① 本表中涉及的 H18 更适宜以 H19 表示。

② 仅制样或测试方法的微小差异，可能导致伸长率测试结果偏离。

1.13 烟包装用铝箔

烟包装用铝箔主要与纸复合后制成卷烟内衬纸，涂敷不同颜色，主要为金色或银色。卷烟内衬纸属于卷烟辅助材料中的一种，具有气密性好、易于折叠封口等优点，是卷烟包装中必不可少的辅助材料。其主要作用主要是防潮、防霉变，保持香烟香味，同时也可以展示出美观特性，被广泛应用于卷烟产品包装中。烟包装用铝箔在卷烟内衬纸中主要起隔绝空气和支撑的作用，所以烟包装用铝箔的针孔数和抗拉强度在很大程度上决定了铝箔的质量，同时由于卷烟内衬纸的美观特性，烟包装用铝箔的表面质量和光泽度也是非常重要的质量指标，尤其金色内衬纸对铝箔光泽度的批次一致性要求更高。

烟包装用铝箔通常牌号为1235、8079，产品状态为O态。抗拉强度一般控制在70~85 MPa，铸轧坯料生产的铝箔抗拉强度比热轧坯料生产的铝箔约高10 MPa，而伸长率约低0.5%。烟包装用铝箔典型状态与性能见表1-13。

表1-13　烟包装用铝箔典型状态与性能

牌号	状态	室温拉伸力学性能										
		拉伸性能极限值						典型值				
		产品标准	厚度	抗拉强度 R_m	规定非比例延伸强度 $R_{p0.2}$	断后伸长率		厚度	抗拉强度 R_m	规定非比例延伸强度 $R_{p0.2}$	断后伸长率①	
						$A_{50\ mm}$	$A_{100\ mm}$				$A_{50\ mm}$	$A_{100\ mm}$
			mm	MPa		%		mm	MPa		%	
1235	O	YS/T 846—2024	0.0060~0.0090	55~100	—	≥1.0		0.0060	85	—	1.7	—
								0.0060	72		—	1.5
								0.00635	76			1.4
								0.0065	85			1.9
								0.0070	70			1.5
8079				65~110		≥1.2		0.0060	73		2.1	—
								0.0060	78		—	2.1
								0.0065	81			2.1
								0.0090	83		4.0	—

① 制样或测试方法的微小差异，可能导致伸长率测试结果偏离。

1.14　空调器散热片用铝板、带、箔

空调散热器用铝板、带、箔主要用于制作空调换热器导热翅片，广泛应用于家用及商用空调、电站空冷、汽车热交换器等领域。空调散热器用板、带、箔分为非涂层产品和涂层产品，非涂层产品经轧制退火，表面未经过任何形式处理。涂层产品通过特殊工艺处理，在其表面覆膜一层涂层，冷凝水在涂层上会迅速散开，不凝结成水珠，增大热交换面积，加快制冷制热速度，还可有效避免冷凝水阻碍空气流动而产生的噪声。

空调散热器用铝板、带、箔常用牌号为1050、1100、1200、3102、7072、8011，典型产品厚度为0.080~0.350 mm，产品状态为O、H18、H22、H24，抗拉强度范围为70~175 MPa。空调器散热片用铝板、带、箔典型照片见图1-4，典型状态与性能见表1-14。

图1-4　空调器散热片用铝板、带、箔典型照片

（江苏鼎胜新能源材料股份有限公司提供）

表 1-14　空调器散热片用铝板、带、箔典型状态与性能

牌号	状态	室温拉伸力学性能								
		拉伸性能极限值					典型值			
		产品标准	厚度	抗拉强度 R_m	规定非比例延伸强度 $R_{p0.2}$	断后伸长率 $A_{50\ mm}$	厚度	抗拉强度 R_m	规定非比例延伸强度 $R_{p0.2}$	断后伸长率[①] $A_{50\ mm}$
			mm	MPa		%	mm	MPa		%
1050	H18	YS/T 95.1—2024	0.080~0.200	140~175	—	≥1.0	0.108	163	149	4.0
1100、1200	O		>0.100~0.200	80~110	≥40	≥20.0	0.140	85	42	26.0
	H22		0.080~0.100	90~125	≥50	≥18.0	0.096	124	—	27.6
			>0.100~0.200			≥20.0	0.147	105	81	25.0
	H24		0.080~0.100	120~145	≥60	≥15.0	0.096	127	102	24.0
			>0.100~0.200			≥18.0	0.104	130	103	22.0
3102	H24		0.080~0.115	125~150	≥100	≥10.0	0.105	130	124	22.0
			>0.115~0.200			≥12.0	0.116	128	120	20.0
7072	O		>0.100~0.200	70~110	≥35	≥12.0	0.104	93	—	22.0
	H18		>0.100~0.200	≥180	—	≥1.0	0.150	221		5.4
8011	O		>0.100~0.200	85~125	≥50	≥20.0	0.107	114	61	29.0
			0.200~0.350		≥30	≥25.0	0.209	87	—	40.4
	H22		0.080~0.115	115~135	≥60	≥18.0	0.096	123		20.0
			>0.115~0.200				0.150	121		24.0
			0.200~0.350			≥20.0	0.250	120		30.0
	H24		0.080~0.115	125~150	≥80	≥15.0	0.097	129		20.0
			>0.115~0.200			≥20.0	0.150	125		25.0

① 制样或测试方法的微小差异，可能导致伸长率测试结果偏离。

1.15 电解电容器用铝箔

电容器是三大被动电子元器件（电阻器、电容器及电感器）之一，在电子元器件产业中占有重要的地位，是电子线路中必不可少的基础电子元器件。在整机使用的电子元件中，电容器用途最广泛、用量最大，约占全部电子元件用量的40%。而铝电解电容器因性能上乘、价格低廉、用途广泛，近20年来在世界范围内得到很大发展，其产值约占整个电容器市场的1/3。

电解电容器用铝箔产品常用纯度为99.97%以上的高纯铝产品为生产原料，典型产品厚度为0.005~0.080 mm，产品状态为O态、H18态，{100}面立方织构为95%。电解电容器用铝箔典型状态与性能见表1-15。

表1-15 电解电容器用铝箔典型状态与性能

<table>
<tr><th rowspan="5">牌号</th><th rowspan="5">状态①</th><th colspan="11">室温拉伸力学性能</th></tr>
<tr><th colspan="6">拉伸性能极限值</th><th colspan="5">典型值</th></tr>
<tr><th rowspan="3">产品标准</th><th>厚度</th><th>抗拉强度 R_m</th><th>规定非比例延伸强度 $R_{p0.2}$</th><th colspan="2">断后伸长率</th><th>厚度</th><th>抗拉强度 R_m</th><th>规定非比例延伸强度 $R_{p0.2}$</th><th colspan="2">断后伸长率②</th></tr>
<tr><th></th><th></th><th></th><th>$A_{50\ mm}$</th><th>$A_{100\ mm}$</th><th></th><th></th><th></th><th>$A_{50\ mm}$</th><th>$A_{100\ mm}$</th></tr>
<tr><th>mm</th><th colspan="2">MPa</th><th colspan="2">%</th><th>mm</th><th colspan="2">MPa</th><th colspan="2">%</th></tr>
<tr><td rowspan="6">3003</td><td rowspan="6">H18</td><td rowspan="6">GB/T 3615—2016</td><td rowspan="6">0.015~0.080</td><td rowspan="6">≥185</td><td rowspan="6">—</td><td rowspan="6">—</td><td rowspan="6">—</td><td rowspan="2">0.020</td><td>273</td><td rowspan="2">—</td><td>4.0</td><td>—</td></tr>
<tr><td>292</td><td rowspan="4">—</td><td>2.3</td></tr>
<tr><td>0.021</td><td>274</td><td>227</td><td>—</td></tr>
<tr><td>0.025</td><td>290</td><td rowspan="3">—</td><td>2.1</td></tr>
<tr><td>0.030</td><td>292</td><td>2.2</td></tr>
<tr><td>0.040</td><td>248</td><td>3.4</td><td>—</td></tr>
</table>

① 本表中涉及的H18更适宜以H19表示。

② 制样或测试方法的微小差异，可能导致伸长率测试结果偏离。

1.16　泡罩包装用铝及铝合金箔

泡罩用铝及铝合金箔在使用过程中通常在铝箔表面印刷文字图案，另一面涂覆黏合剂，与医用塑料硬片、塑料瓶等复合，形成密闭的空腔式包装。通常用于片剂、胶囊、丸剂等固态药品包装及瓶装密封盖。铝箔作为主要基材，在包装中起到关键的密封和阻隔作用，并有效实现包装的其他功能性要求，如便于开启和识别、防伪、印刷性等功能。该类型已为药品包装中用量最大的包装方式。

泡罩及封口用铝及铝合金箔常用牌号为1×××系和8×××系，典型产品厚度为0.015~0.030 mm，产品状态为O态、H18态和H19态，表面润湿张力0.32 mN(32 dyn）以上。泡罩包装用铝及铝合金箔典型状态与性能见表1-16。

表1-16　泡罩包装用铝及铝合金箔典型状态与性能

牌号	状态[①]	室温拉伸力学性能								
		拉伸性能极限值					典型值			
		产品标准	厚度	抗拉强度 R_m	规定非比例延伸强度 $R_{p0.2}$	断后伸长率 $A_{100\ mm}$	厚度	抗拉强度 R_m	规定非比例延伸强度 $R_{p0.2}$	断后伸长率[②] $A_{100\ mm}$
			mm	MPa		%	mm	MPa		%
1145	O	—	0.018~0.040	45~105	—	≥1.5	0.020	50	—	3.4
	H19						0.030	52		3.7
1235	H18	GB/T 22645—2008	0.018~0.100	≥135		≥1	0.033	162		1.8
	O		0.018~0.025	40~100			0.020	86		4.7
8011	O		>0.025~0.040	60~110		≥4	0.030	88		6.2
	H18	—	>0.010~0.018	≥160		≥1	0.014	184		2.4
							0.015	183		1.4
		GB/T 22645—2008	>0.018~0.100	≥150			0.020	174		1.4
							0.020	182		2.1
							0.022	180		2.3

续表 1-16

牌号	状态①	室温拉伸力学性能								
		拉伸性能极限值					典型值			
		产品标准	厚度	抗拉强度 R_m	规定非比例延伸强度 $R_{p0.2}$	断后伸长率 $A_{100\ mm}$	厚度	抗拉强度 R_m	规定非比例延伸强度 $R_{p0.2}$	断后伸长率② $A_{100\ mm}$
			mm	MPa		%	mm	MPa		%
8011	H18	GB/T 22645—2008	>0.018~0.100	≥150	—	≥1	0.025	176	—	1.4
							0.025	181		2.1
							0.030	183		2.6
8021	OO	—	>0.025~0.090	80~120		≥10	0.051	85		15.0
							0.060	90		21.7
							0.065	87		25.0
							0.070	92		20.0
8079		GB/T 22645—2008	>0.025~0.040	60~110		≥4	0.033	80		10.7
	H18		0.018~0.100	≥150		≥1	0.030	174		2.3

① 本表中涉及的 H18 更适宜以 H19 表示。

② 制样或测试方法的微小差异，可能导致伸长率测试结果偏离。

1.17 啤酒标用铝合金箔

啤酒标用铝合金箔在使用过程中通常在铝箔表面直接印刷文字图案，经过压花、打孔后直接贴瓶使用，应用于液态瓶装、罐装啤酒/食品等瓶颈及瓶口包装标签，广泛应用于玻璃瓶装啤酒标签。啤酒标用铝合金箔常用牌号为 8011 系，典型产品厚度为 0.009~0.012 mm，产品状态为 O 态，破裂强度 50 kPa 以上，断后伸长率 2.5%以上。啤酒标用铝合金箔典型状态与性能见表 1-17。

表 1-17　啤酒标用铝合金箔典型状态与性能

牌号	状态	室温拉伸力学性能								
		拉伸性能极限值					典型值			
		产品标准	厚度	抗拉强度 R_m	规定非比例延伸强度 $R_{p0.2}$	断后伸长率 $A_{100\ mm}$	厚度	抗拉强度 R_m	规定非比例延伸强度 $R_{p0.2}$	断后伸长率① $A_{100\ mm}$
			mm	MPa		%	mm	MPa		%
8011	O	GB/T 22646—2008	0. 0090~0. 0105	80~110	—	≥2. 5	0. 0090	91	—	2. 9
							0. 0100	91		3. 1

① 制样或测试方法的微小差异，可能导致伸长率测试结果偏离。

1. 18　铝及铝合金容器箔

铝及铝合金容器箔产品分为基材、涂层箔两类，铝及铝合金容器箔被冲压成盒、盖、桶、杯、罐等各种形状的餐具或包装盒后，能较好保持成型状态，并可完全阻隔光线、气体和水汽，有效保护食品的色、香、味，延长敏感性食品寿命几个月甚至 1~2 年。

铝及铝合金容器箔常用牌号为 1100、1200、3003、3004、8006、8011、8050、8150、8079，产品厚度为 0. 01~0. 20 mm，产品状态为 O、H22、H24、H26、H42、H44、H46，典型抗拉强度范围为 60~180 MPa。铝及铝合金容器箔典型状态与性能见表 1-18。

表 1-18　铝及铝合金容器箔典型状态与性能

牌号	状态	室温拉伸力学性能								
		拉伸性能极限值					典型值			
		产品标准	厚度	抗拉强度 R_m	规定非比例延伸强度 $R_{p0.2}$	断后伸长率 $A_{100\ mm}$	厚度	抗拉强度 R_m	规定非比例延伸强度 $R_{p0.2}$	断后伸长率① $A_{100\ mm}$
			mm	MPa		%	mm	MPa		%
3003	H22	GB/T 22649—2019	0. 030~0. 050	125~160	—	≥10	0. 050	138	—	12. 0
			>0. 050~0. 100			≥12	0. 060	135		12. 7
							0. 075	137		15. 3
							0. 095	138		15. 2
			>0. 100~0. 150	130~160		≥15	0. 130	141		18. 0
			>0. 150~0. 200			≥18	0. 170	149		10. 9

① 制样或测试方法的微小差异，可能导致伸长率测试结果偏离。

1.19 电子、电力电容器用铝箔

电子、电力电容器用铝箔主要用于制造电子电容器或电力电容器，应用于高压电站或特高压电站。

电子、电力电容器用铝箔主要牌号为1235，主要状态为O态，典型产品厚度为0.0045~0.0060 mm，宽度为200~600 mm，典型状态与性能见表1-19。

表1-19 电子、电力电容器用铝箔典型状态与性能

<table>
<tr><th rowspan="4">牌号</th><th rowspan="4">状态</th><th colspan="9">室温拉伸力学性能</th></tr>
<tr><th colspan="5">拉伸性能极限值</th><th colspan="4">典型值</th></tr>
<tr><th rowspan="2">产品标准</th><th>厚度</th><th>抗拉强度 R_m</th><th>规定非比例延伸强度 $R_{p0.2}$</th><th>断后伸长率 $A_{100\ mm}$</th><th>厚度</th><th>抗拉强度 R_m</th><th>规定非比例延伸强度 $R_{p0.2}$</th><th>断后伸长率① $A_{100\ mm}$</th></tr>
<tr><th>mm</th><th colspan="2">MPa</th><th>%</th><th>mm</th><th colspan="2">MPa</th><th>%</th></tr>
<tr><td>1235</td><td>O</td><td>GB/T 22642—2008</td><td>0.0045~0.0060</td><td>50~100</td><td>—</td><td>≥0.5</td><td>0.0050</td><td>80</td><td>—</td><td>0.8</td></tr>
</table>

① 制样或测试方法的微小差异，可能导致伸长率测试结果偏离。

1.20 家用铝及铝合金箔

家用铝及铝合金箔具有优异的柔韧性、屏蔽性、耐腐蚀性及不易燃、防潮隔热等特点，广泛应用于食品烹饪、食品冷冻、美容美发、家居装饰和防潮等领域。家用箔可与纸、塑料等材料复合，表面可以印刷各式花纹与颜色，能起到装饰的作用。家用箔经过表面处理后，可以直接与食品接触，使用后可以进行回收、循环再利用，同时具有实用性和环保性。

家用铝及铝合金箔常用牌号为1×××系和8×××系，典型产品厚度为0.0068~0.0500 mm，产品状态为O态，抗拉强度范围为55~130 MPa。家用铝及铝合金箔典型照片见图1-5。家用铝及铝合金箔典型状态与性能见表1-20。

图 1-5　家用铝及铝合金箔典型照片
（厦门厦顺铝箔有限公司提供）

表 1-20　家用铝及铝合金箔典型状态与性能

牌号	状态	室温拉伸力学性能										
		拉伸性能极限值						典型值				
		产品标准	厚度	抗拉强度 R_m	规定非比例延伸强度 $R_{p0.2}$	断后伸长率		厚度	抗拉强度 R_m	规定非比例延伸强度 $R_{p0.2}$	断后伸长率①	
						$A_{50\ mm}$	$A_{100\ mm}$				$A_{50\ mm}$	$A_{100\ mm}$
			mm	MPa		%		mm	MPa		%	
1235	O	YS/T 852—2021	0.0080~0.0150	55~105	—	—	—	0.0090	66	—	—	3.6
								0.0100	65		2.0	—
								0.0120	66		—	4.0
3004		—	>0.0400~0.0500	155~200				0.0480	166		15.2	—
8011		YS/T 852—2021	0.0068~0.0090	55~105			≥2.0	0.0090	94		—	3.0
			>0.0090~0.0250	60~105				0.0120	90			2.8
								0.0170	98			3.0

续表 1-20

<table>
<tr><th rowspan="4">牌号</th><th rowspan="4">状态</th><th colspan="11">室温拉伸力学性能</th></tr>
<tr><th colspan="6">拉伸性能极限值</th><th colspan="5">典型值</th></tr>
<tr><th rowspan="2">产品标准</th><th>厚度</th><th>抗拉强度 R_m</th><th>规定非比例延伸强度 $R_{p0.2}$</th><th colspan="2">断后伸长率</th><th>厚度</th><th>抗拉强度 R_m</th><th>规定非比例延伸强度 $R_{p0.2}$</th><th colspan="2">断后伸长率①</th></tr>
<tr><th>mm</th><th colspan="2">MPa</th><th>$A_{50\ mm}$ %</th><th>$A_{100\ mm}$ %</th><th>mm</th><th colspan="2">MPa</th><th>$A_{50\ mm}$ %</th><th>$A_{100\ mm}$ %</th></tr>
<tr><td rowspan="4">8011</td><td rowspan="10">O</td><td rowspan="10">YS/T 852—2021</td><td>>0.0090~0.0250</td><td>60~105</td><td rowspan="10">—</td><td rowspan="10">—</td><td>≥2.0</td><td>0.0240</td><td>94</td><td rowspan="7">—</td><td rowspan="2">—</td><td>3.0</td></tr>
<tr><td rowspan="2">>0.0250~0.0400</td><td rowspan="2">60~120</td><td rowspan="3">≥4.5</td><td>0.0300</td><td>88</td><td>6.2</td></tr>
<tr><td>0.0370</td><td>95</td><td>6.5</td><td rowspan="2">—</td></tr>
<tr><td>>0.0400~0.0500</td><td>70~120</td><td>0.0470</td><td>93</td><td>7.5</td></tr>
<tr><td>8021</td><td rowspan="3">0.0068~0.0090</td><td rowspan="3">55~105</td><td rowspan="6">≥2.0</td><td>0.0070</td><td>85</td><td>—</td><td>2.8</td></tr>
<tr><td rowspan="3">8079</td><td>0.0070</td><td>76</td><td>2.8</td><td rowspan="3">—</td></tr>
<tr><td>0.0090</td><td>77</td><td>3.9</td></tr>
<tr><td>>0.0090~0.0250</td><td>60~105</td><td>0.0120</td><td>71</td><td>39</td><td>4.6</td></tr>
<tr><td rowspan="2">8111</td><td rowspan="2">0.0068~0.0090</td><td rowspan="2">55~105</td><td>0.0070</td><td>60</td><td rowspan="2">—</td><td rowspan="2">—</td><td>2.0</td></tr>
<tr><td>0.0090</td><td>64</td><td>2.5</td></tr>
</table>

①制样或测试方法的微小差异，可能导致伸长率测试结果偏离。

1.21　一般工业用铝及铝合金箔

一般工业用铝及铝合金箔种类繁多，拥有阻隔性高、屏蔽性好、导电性好、表面美观、力学性能调整空间大、加工方式灵活等众多优良特性，因此具有非常广泛的用途。一般工业用铝及铝合金箔可用作食品、香烟、药品、家庭日用品等方面的包装材料；用作电子、电力和电解电容器材料；用作建筑、车辆、船舶等方面的绝热材料；用作装饰的金银线、壁纸，以及各类印刷品、装潢商标；用作航空航天、轨道交通方面的阻燃、绝热、隔音、耐压、防爆材料等。

一般工业用铝及铝合金箔涵盖1×××、2×××、3×××、4×××、5×××、8×××系列牌号，产品厚度为0.0040~0.2000 mm，产品状态包含 O、H22、H24、H26、H18、H19 等。一般工业用铝及铝合金箔典型照片见图 1-6。一般工业用铝及铝合金箔典型状态与性能见表 1-21。

图 1-6　一般工业用铝及铝合金箔典型照片

（厦门厦顺铝箔有限公司提供）

表 1-21　一般工业用铝及铝合金箔典型状态与性能

<table>
<tr><th rowspan="4">牌号</th><th rowspan="4">状态</th><th colspan="11">室温拉伸力学性能</th><th rowspan="4">备注</th></tr>
<tr><th colspan="6">拉伸性能极限值</th><th colspan="5">典型值</th></tr>
<tr><th rowspan="2">产品标准</th><th>厚度</th><th>抗拉强度 R_m</th><th>规定非比例延伸强度 $R_{p0.2}$</th><th>断后伸长率 $A_{50\ mm}$</th><th>断后伸长率 $A_{100\ mm}$</th><th>厚度</th><th>抗拉强度 R_m</th><th>规定非比例延伸强度 $R_{p0.2}$</th><th>断后伸长率[①] $A_{50\ mm}$</th><th>断后伸长率[①] $A_{100\ mm}$</th></tr>
<tr><th>mm</th><th colspan="2">MPa</th><th colspan="2">%</th><th>mm</th><th colspan="2">MPa</th><th colspan="2">%</th></tr>
<tr><td rowspan="2">1050</td><td>O</td><td rowspan="4">GB/T 3198—2020</td><td rowspan="2">>0.1400～0.2000</td><td>60～115</td><td rowspan="5">—</td><td>≥15</td><td rowspan="5">—</td><td>0.2000</td><td>71</td><td>50</td><td>23.1</td><td rowspan="3">—</td><td>—</td></tr>
<tr><td>H24</td><td>110～160</td><td>≥6</td><td>0.2000</td><td>131</td><td>—</td><td>3.4</td><td>建议 $A_{50\ mm}$：≥2%</td></tr>
<tr><td rowspan="3">1060</td><td rowspan="2">O</td><td>0.0400～<0.0600</td><td>45～95</td><td>—</td><td>0.0500</td><td>79</td><td>39</td><td>5.2</td><td rowspan="3">—</td></tr>
<tr><td rowspan="2">>0.1400～0.2000</td><td>60～115</td><td>≥15</td><td>0.2000</td><td>72</td><td rowspan="2">—</td><td>—</td><td>11.6</td></tr>
<tr><td>H12</td><td>—</td><td>90～135</td><td>—</td><td>0.1500</td><td>94</td><td>0.6</td><td>—</td></tr>
</table>

续表 1-21

牌号	状态	室温拉伸力学性能											备注
		拉伸性能极限值						典型值					
		产品标准	厚度	抗拉强度 R_m	规定非比例延伸强度 $R_{p0.2}$	断后伸长率		厚度	抗拉强度 R_m	规定非比例延伸强度 $R_{p0.2}$	断后伸长率[1]		
						$A_{50\ mm}$	$A_{100\ mm}$				$A_{50\ mm}$	$A_{100\ mm}$	
			mm	MPa		%		mm	MPa		%		
1060	H22	GB/T 3198—2020	>0.1400~0.2000	90~135	—	≥6	—	0.1900	116	—	5.8	—	—
	H24			110~160				0.1600	130		4.0		
	H18		>0.0060~0.2000	≥140		—		0.1800	208		2.4		
								0.2000	200		3.0		
1100	H14		>0.1400~0.2000	110~160		≥6		0.1800	136		2.0		建议 $A_{50\ mm}$：≥2%
			>0.0900~0.1400			≥4		0.1200	141		1.8		
	H24		>0.1400~0.2000	110~160		≥6		0.1800	122		8.0		—
								0.2000	126		10.0		
	H16		>0.0900~0.2000	125~180		≥2		0.1350	165		2.2		
								0.1400	162		2.3		
								0.1800	164		2.3		
								0.2000	164		1.8		
	H19		>0.0060~0.2000	≥150		—		0.0210	256		4.4		
			>0.1400~0.2000	110~160		≥6		0.2000	244		3.0		
1145	H14		>0.0060~0.2000	≥150		—		0.1500	98		1.0		建议 R_m：90~135 MPa
	H19		>0.0090~0.0250	45~105				0.0200	165		—	1.7	—
1235	O						≥1.5	0.0120	61			3.2	
								0.0160	62			2.0	
			>0.0250~0.0400	50~105				0.0250	60		6.0	—	
							≥2.0	0.0300	64		—	4.3	

续表 1-21

牌号	状态	室温拉伸力学性能											备注
		拉伸性能极限值						典型值					
		产品标准	厚度	抗拉强度 R_m	规定非比例延伸强度 $R_{p0.2}$	断后伸长率		厚度	抗拉强度 R_m	规定非比例延伸强度 $R_{p0.2}$	断后伸长率①		
						$A_{50\ mm}$	$A_{100\ mm}$				$A_{50\ mm}$	$A_{100\ mm}$	
			mm	MPa		%		mm	MPa		%		
5052	O	GB/T 3198—2020	0.0300~0.2000	175~225	—	≥4	—	0.1500	183	—	11.5	—	—
								0.1800	184		15.0		
	H19		>0.1000~0.2000	≥285		≥1		0.1480	292		1.0		
								0.1800	295		2.0		
								0.1950	300		2.1		
8011	O		>0.0090~0.0250	55~110		—	≥1	0.0170	89		—	4.0	
			>0.0250~0.0400				≥4	0.0370	95		6.5	—	
			>0.0400~0.0900	60~120				0.0470	93		7.5		
8021B			>0.0250~0.0900	80~120			≥11	0.0400	94		—	15.9	
8079			>0.0090~0.0250	55~110			≥1	0.0150	90			6.7	

注：特殊用途的铝箔产品标准展示的性能数据，经供需双方协商也可作为一般工业用铝及铝合金箔使用。

① 制样或测试方法的微小差异，可能导致伸长率测试结果偏离。

2 管、棒、型材产品的状态与性能

2.1 航空用管材

航空用管材分为厚壁管材和薄壁管材，其中厚壁管材主要应用于中高强度与硬度的结构件、螺旋桨元件及需要一定耐蚀性的零件（多用于光学仪器、瞄准器等），在军工、航空航天等领域也有广泛应用。常见的牌号有2×××系、3×××系、5×××系和7×××系，常见的状态为O、T4、T6。抗拉强度范围为200~660 MPa，规定非比例延伸强度为80~600 MPa；薄壁管材作为导管主要应用于燃油、环控和液压系统，常见的合金有2D12、5A02、6061等，常见的状态为O、T4、T6。抗拉强度范围为200~400 MPa，规定非比例延伸强度为80~300 MPa。航空用管材典型状态与性能见表2-1。

表2-1 航空用管材典型状态与性能

牌号	供货状态	试样状态	室温拉伸力学性能										
			拉伸性能极限值						典型值				
			产品标准	壁厚	抗拉强度 R_m	规定非比例延伸强度 $R_{p0.2}$	断后伸长率		壁厚	抗拉强度 R_m	规定非比例延伸强度 $R_{p0.2}$	断后伸长率[①]	
							$A_{4.515}$	$A_{50\ mm}$				$A_{4.515}$	$A_{50\ mm}$
				mm	MPa		%		mm	MPa		%	
7034	T6	T6	GB/T 34506—2023	15.00~40.00	≥730	≥710	≥5	—	15.00	766	749	7.2	—
7055	T6	T6		≤6.00	≥640	≥615	—	≥8	5.00	680	640	—	9.5
				>6.00~76.00	≥650	≥625	≥8		15.00	676	638	10.0	—
	T76	T76		≤6.00	≥620	≥590	—		6.00	645	612	—	13.0
				>6.00~76.00	≥630	≥600	≥8		13.00	648	616	13.0	—
7075	T6、T6511	T6、T6511		6.00~12.50	≥560	≥505	—	≥7	8.00	620	560	—	10.0
				>12.50~70.00	≥560	≥500	≥7	—	13.00	596	538	12.0	—

① 制样或测试方法的微小差异，可能导致伸长率测试结果偏离。

2.2　航空用棒材

航空棒材经过机加工后应用于航空零部件，涉及合金较多，应用范围较广，如飞机焊接件、飞机蒙皮骨架零件、发动机部件及一些对抗剥落腐蚀、应力腐蚀开裂能力、断裂韧性与疲劳性能要求都高的零部件。常见的牌号有2×××系、3×××系、5×××系、6×××系和7×××系，常见的状态为T1、O、T4、T6和T6511等。抗拉强度范围为200~660 MPa，规定非比例延伸强度为80~600 MPa。航空用棒材典型状态与性能见表2-2。

表2-2　航空用棒材典型状态与性能

<table>
<tr><th rowspan="4">牌号</th><th rowspan="4">供货状态</th><th rowspan="4">试样状态</th><th colspan="11">室温拉伸力学性能</th></tr>
<tr><th colspan="6">拉伸性能极限值</th><th colspan="5">典型值</th></tr>
<tr><th rowspan="3">产品标准</th><th rowspan="2">圆棒直径、方棒或六角棒内切圆直径</th><th rowspan="2">抗拉强度 R_m</th><th rowspan="2">规定非比例延伸强度 $R_{p0.2}$</th><th colspan="2">断后伸长率</th><th rowspan="2">圆棒直径、方棒或六角棒内切圆直径</th><th rowspan="2">抗拉强度 R_m</th><th rowspan="2">规定非比例延伸强度 $R_{p0.2}$</th><th colspan="2">断后伸长率①</th></tr>
<tr><th>$A_{4.515}$</th><th>$A_{50\ mm}$</th><th>$A_{4.515}$</th><th>$A_{50\ mm}$</th></tr>
<tr><th></th><th></th><th></th><th>mm</th><th colspan="2">MPa</th><th colspan="2">%</th><th>mm</th><th colspan="2">MPa</th><th colspan="2">%</th></tr>
<tr><td rowspan="2">7034</td><td rowspan="2">T6</td><td rowspan="2">T6</td><td rowspan="10">GB/T 34506—2023</td><td>10.00~100.00</td><td>≥730</td><td>≥710</td><td rowspan="2">≥5</td><td rowspan="3">—</td><td>60.00</td><td>790</td><td>783</td><td>5.6</td><td rowspan="4">—</td></tr>
<tr><td>>100.00~200.00</td><td>≥720</td><td>≥690</td><td>160.00</td><td>754</td><td>734</td><td>6.5</td></tr>
<tr><td>7050</td><td>T1</td><td>T6</td><td>30.00~150.00</td><td>≥530</td><td>≥400</td><td>≥6</td><td>50.00</td><td>662</td><td>638</td><td>12.5</td></tr>
<tr><td rowspan="3">7055</td><td>T6</td><td>T6</td><td>6.00~76.20</td><td>≥650</td><td>≥625</td><td>≥8</td><td>≥8</td><td>40.00</td><td>675</td><td>666</td><td>8.7</td></tr>
<tr><td rowspan="2">T76</td><td rowspan="2">T76</td><td>>6.30~12.70</td><td>≥621</td><td>≥586</td><td>—</td><td>≥9</td><td>10.00</td><td>650</td><td>610</td><td>—</td><td>11.0</td></tr>
<tr><td>>12.70~76.20</td><td>≥627</td><td>≥593</td><td>≥9</td><td>—</td><td>40.00</td><td>666</td><td>618</td><td>10.5</td><td>—</td></tr>
<tr><td rowspan="4">7075</td><td rowspan="4">T6、T6511</td><td rowspan="4">T6、T6511</td><td>5.00~6.30</td><td>≥540</td><td>≥485</td><td rowspan="2">—</td><td rowspan="2">≥7</td><td>6.00</td><td>610</td><td>534</td><td rowspan="2">—</td><td>11.5</td></tr>
<tr><td>>6.30~12.70</td><td>≥560</td><td>≥505</td><td>12.00</td><td>584</td><td>524</td><td>12.0</td></tr>
<tr><td>>12.70~76.20</td><td>≥560</td><td>≥496</td><td rowspan="2">≥6</td><td rowspan="2">—</td><td>46.00</td><td>594</td><td>547</td><td>8.3</td><td rowspan="2">—</td></tr>
<tr><td>>76.20~150.00</td><td>≥540</td><td>≥470</td><td>115.00</td><td>583</td><td>513</td><td>11.5</td></tr>
</table>

续表 2-2

牌号	供货状态	试样状态	室温拉伸力学性能										
			拉伸性能极限值						典型值				
			产品标准	圆棒直径、方棒或六角棒内切圆直径	抗拉强度 R_m	规定非比例延伸强度 $R_{p0.2}$	断后伸长率		圆棒直径、方棒或六角棒内切圆直径	抗拉强度 R_m	规定非比例延伸强度 $R_{p0.2}$	断后伸长率[①]	
							$A_{4.515}$	$A_{50\ mm}$				$A_{4.515}$	$A_{50\ mm}$
				mm	MPa		%		mm	MPa		%	
7075	T73511	T73511	GB/T 34506—2023	6.30~38.00	≥485	≥420	≥8	≥7	26.00	545	489	—	14.0
				>38.00~76.20	≥480	≥410		—	52.00	512	448	9.0	—
				>76.20~114.25	≥470	≥395	≥7		80.00	512	435	8.5	
7B04	T1	T6		10.00~28.00	≥560	≥480	≥6	≥6	16.00	658	618	9.1	
				>28.00~150.00	≥570	≥490		—	120.00	639	589	8.5	
				>150.00~250.00	≥560			—	180.00	620	580	11.7	
	T6	T6		10.00~50.00	≥560	≥480		≥6	45.00	655	618	11.0	
				>50.00~100.00	≥570	≥490	≥6	—	90.00	639	599	10.5	

①制样或测试方法的微小差异，可能导致伸长率测试结果偏离。

2.3 航空用型材

航空用型材主要用于长桁部位，以及用作壁板、腹板、骨架、桁条等飞机结构件，航空材料经历了静强度需求阶段、抗腐蚀性能需求阶段到目前的高强高韧、高腐蚀性能综合性能需求阶段。铝合金航空型材多为超高强铝合金，具有高强度，高韧性，良好的淬透性、加工性能、抗蚀性、可焊性及疲劳强度等优点，在航空领域需求量逐年增加。

航空用铝合金型材常用牌号为 2×××系和 7×××系，常见状态为 T6、T73511、T74511、T76、T76511，抗拉强度范围为 480~600 MPa，规定非比例延伸强度为 430~590 MPa。航空用型材典型状态与性能见表 2-3。

表 2-3　航空用型材典型状态与性能

牌号	供货状态	试样状态	室温拉伸力学性能										
			拉伸性能极限值						典型值				
			产品标准	壁厚	抗拉强度 R_m	规定非比例延伸强度 $R_{p0.2}$	断后伸长率		壁厚	抗拉强度 R_m	规定非比例延伸强度 $R_{p0.2}$	断后伸长率[①]	
							$A_{4.515}$	$A_{50\ mm}$				$A_{4.515}$	$A_{50\ mm}$
				mm	MPa		%		mm	MPa		%	
7050	O	O	GB/T 34506—2023	≤30.00	≤290	≤165	≥12	≥12	2.00	177	88	18.0	18.0
		T74		≤30.00	≥505	≥435	≥7	≥6	2.00	538	478	—	12.5
	T73511	T73511	YS/T 1630.1—2023	≤12.70	≥485	≥415	—	≥8	2.00	515	438		13.0
	T74511	T74511	GB/T 34506—2023	≤30.00	≥505	≥435	≥7	≥6	2.00	531	465		11.5
	T76511	T76511	YS/T 1630.1—2023	≤12.70	≥530	≥470	—	≥7	6.00	579	514		15.2
	T6511	T6511	GB/T 34506—2023	>19.05~50.80	≥612	≥578			25.00	629	588	10.0	—
7150	T77511	T77511		≤6.30	≥586	≥538			6.30	587	538	12.0	
7055	T6、T6511	T6、T6511		≤12.70	≥625	≥590	—	≥7	4.00	667	627	—	13.5
				>12.70~76.20	≥640	≥595	≥8	—	25.00	677	640	9.6	—
	T74511	T74511		≤6.30	≥572	≥524	—	≥8	4.00	625	590	—	13.3
	T76511	T76511		≤6.30	≥614	≥586		≥7	4.00	644	626		11.5
				>12.70~76.20	≥627	≥593	≥9	—	15.00	644	613	12.7	—

续表 2-3

牌号	供货状态	试样状态	室温拉伸力学性能										
			拉伸性能极限值						典型值				
			产品标准	壁厚	抗拉强度 R_m	规定非比例延伸强度 $R_{p0.2}$	断后伸长率		壁厚	抗拉强度 R_m	规定非比例延伸强度 $R_{p0.2}$	断后伸长率[①]	
							$A_{4.515}$	$A_{50\ mm}$				$A_{4.515}$	$A_{50\ mm}$
				mm	MPa		%		mm	MPa		%	
7075	T6、T6511	T6、T6511	GB/T 34506—2023	≤6.30	≥540	≥485	≥7	≥7	6.00	602	544	11.0	11.0
				>6.30~12.70	≥560	≥505			8.00	617	568	11.0	11.0
				>12.70~76.20		≥495		—	25.00	604	551	11.0	—
	T73511	T73511		>6.30~41.10	≥490	≥430	≥8	≥8	25.00	540	483	13.0	13.0
7175	T6511	T6511		6.30~12.70	≥558	≥503	≥7	—	10.00	594	533	11.5	—
				12.70~76.20		≥496			14.00	603	539	11.0	
	T79511	T79511		2.00~38.00	≥540	≥490	≥6		25.00	592	530	11.5	
7B04	T1、T6	T6		≤5.00	≥510	≥460	—	≥6	2.00	612	560	—	10.0
				>5.00~10.00	≥530	≥480			6.00	607	543		10.0
	T74	T74		≤75.00	510~590	450~530	≥7	≥7	32.00	543	479	11.0	11.0

① 制样或测试方法的微小差异，可能导致伸长率测试结果偏离。

2.4 汽车用型材

汽车用型材广泛应用于汽车各零件系统，对于传统燃油车，按照车型不同，主要分布在前后防撞梁（见图 2-1（a））、底盘、副车架、动力总成托架、减震支架、仪表支架、行李架等部位。对于新能源汽车，除上述零件外，铝型材还大量应用于电池包系统（见图 2-1（b））和电机壳（见图 2-1（c））。

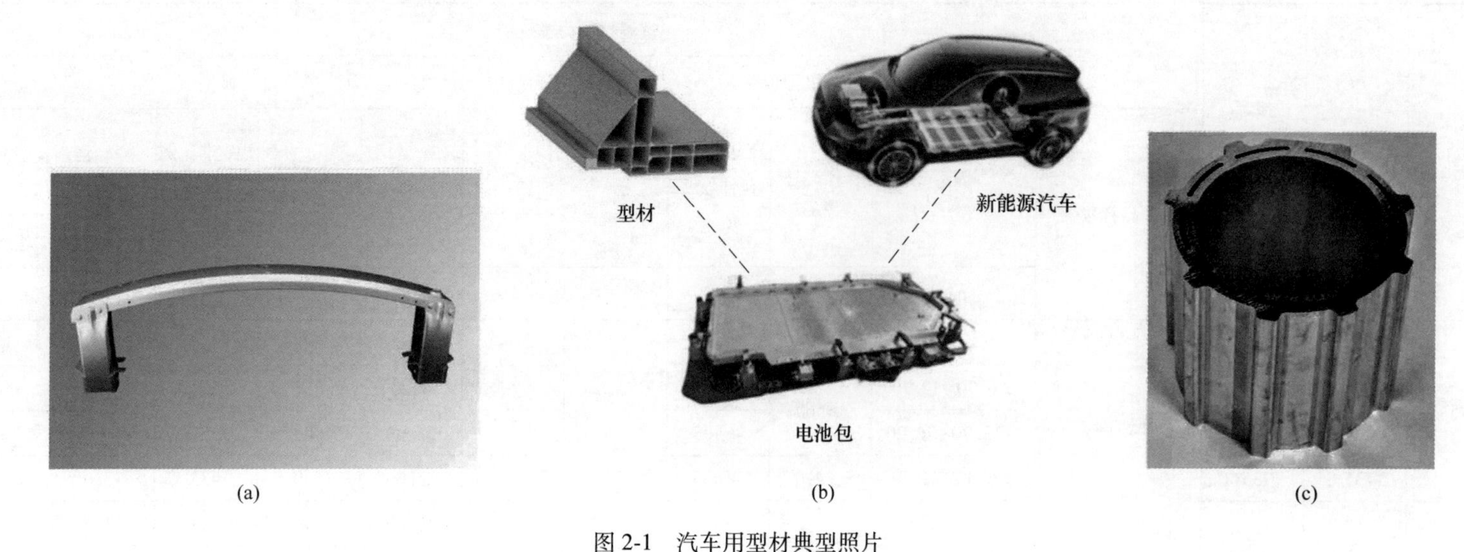

图 2-1　汽车用型材典型照片

（a）汽车防撞梁用型材（广东豪美新材股份有限公司提供）；（b）电池包下壳体型材（山东华建铝业集团有限公司提供）；（c）电机壳体用型材（广东伟业铝厂集团有限公司提供）

电池包是新能源汽车的核心部件之一，电池包主要部件中质量最大的是电芯本体，其次是电池包壳体（箱体）。电池包壳体主要由两个部分组成：下壳体和上盖。电池包下壳体是电池包壳体最主要的组成部分，采用铝合金型材通过焊接形式制成，具有承载和保护电池模块的功能。采用铝合金型材组装，可明显提高电池包的整体性能，有效地降低电池包的重量，从而保证整车轻量化的实现。电池包下壳体用铝合金型材的牌号为 6063、6005A、6061、6082，典型产品厚度为 1.5～3.0 mm，产品状态为 T6，抗拉强度不小于 215～310 MPa，规定非比例延伸强度不小于 170～260 MPa，断后伸长率不小于 6%～8%。

电机壳是用来为车辆提供动力的一种装置，它的两端连接的是规定非比例延伸强度很低的低速吸能盒，可以在车辆发生低速碰撞时有效吸收碰撞能量，尽可能减小撞击力对车身纵梁的损害，以达到对车辆的保护作用。电机壳用铝合金型材的牌号为 6005A、6005、6063，主梁要求易弯曲成型，热处理后性能高；吸能盒需要满足压溃、扩口、规定非比例延伸强度要求。

汽车用型材典型照片见图 2-1，汽车用型材典型状态与性能见表 2-4。

表 2-4 汽车用型材典型状态与性能

牌号	供货状态	试样状态	品种	室温拉伸力学性能											备注
				拉伸性能极限值						典型值					
				产品标准	壁厚	抗拉强度 R_m	规定非比例延伸强度 $R_{p0.2}$	断后伸长率		尺寸规格/壁厚	抗拉强度 R_m	规定非比例延伸强度 $R_{p0.2}$	断后伸长率①		
								$A_{50\ mm}$	$A_{5.65}$				$A_{50\ mm}$	$A_{5.65}$	
					mm	MPa		%		mm	MPa		%		
1050	H112	H112	空心型材	GB/T 33230—2016	—	≥60	≥20	≥23	—	16.5×3.5-7	75	56	40.0	—	微通道扁管型材建议 R_m：≥65 MPa；$R_{p0.2}$：≥30 MPa；$A_{50\ mm}$：≥30%
1100	H112	H112			—	≥75	≥20	≥20		15×2.5-12	82	56	41.3		微通道扁管型材建议 R_m：≥75 MPa；$R_{p0.2}$：≥30 MPa；$A_{50\ mm}$：≥25%
										12×1.4-16	95	76	30.0		
										17×1.8-10	93	68	30.0		
3003	H112	H112			—	≥95	≥35	≥20		60×2.5-28	104	80	45.5		微通道扁管型材建议 R_m：≥95 MPa；$R_{p0.2}$：≥60 MPa；$A_{50\ mm}$：≥20%
										50×2.4-16	102	85	43.1		
3102	H112	H112			—	≥75	≥30	≥22		12×1.4-12	93	84	36.0		微通道扁管型材建议 R_m：≥80 MPa；$R_{p0.2}$：≥40 MPa；$A_{50\ mm}$：≥25%
										16×1-20	88	76	40.0		
										16×1.8-18	87	65	45.7		
										19.2×1.8-13	93	75	43.6		
										18.2×3-6	90	74	41.1		
										12×1.4-11	84	59	52.8		
										16×1.3-16	90	72	38.0		
										16×2-10	94	74	36.0		
										17×1.8-14	93	70	30.0		
3F03	H112	H112		—	—	≥90	≥65	≥20		25.4×1.3-26H	102	91	40.0		微通道扁管型材
										12×1.4-10	102	86	40.0		
										20×2-12	102	85	42.0		

续表 2-4

<table>
<tr><th rowspan="4">牌号</th><th rowspan="4">供货状态</th><th rowspan="4">试样状态</th><th rowspan="4">品种</th><th colspan="11">室温拉伸力学性能</th><th rowspan="4">备注</th></tr>
<tr><th rowspan="2">产品标准</th><th colspan="5">拉伸性能极限值</th><th colspan="5">典型值</th></tr>
<tr><th>壁厚</th><th>抗拉强度 R_m</th><th>规定非比例延伸强度 $R_{p0.2}$</th><th>断后伸长率 $A_{50\,mm}$</th><th>断后伸长率 $A_{5.65}$</th><th>尺寸规格/壁厚</th><th>抗拉强度 R_m</th><th>规定非比例延伸强度 $R_{p0.2}$</th><th>断后伸长率① $A_{50\,mm}$</th><th>断后伸长率① $A_{5.65}$</th></tr>
<tr><th></th><th>mm</th><th colspan="2">MPa</th><th colspan="2">%</th><th>mm</th><th colspan="2">MPa</th><th colspan="2">%</th></tr>
<tr><td>6005A</td><td>T6</td><td>T6</td><td rowspan="17">空心型材</td><td rowspan="17">GB/T 33910—2017</td><td>≤5.00</td><td>≥255</td><td>≥215</td><td rowspan="2">≥6</td><td rowspan="2">—</td><td>2.00</td><td>290</td><td>265</td><td>10.6</td><td rowspan="17">—</td><td>电池托盘型材</td></tr>
<tr><td>6060</td><td>T6</td><td>T6</td><td>≤3.00</td><td>≥190</td><td>≥150</td><td>3.00</td><td>244</td><td>219</td><td>13.4</td><td>哑铃试样</td></tr>
<tr><td rowspan="15">6061</td><td>T4</td><td>T4</td><td>≤25.00</td><td>≥180</td><td>≥110</td><td>≥13</td><td>≥15</td><td>20.00</td><td>223</td><td>149</td><td>19.6</td><td rowspan="3">—</td></tr>
<tr><td rowspan="2">T5</td><td rowspan="2">T5</td><td rowspan="2">≤16.00</td><td rowspan="2">≥240</td><td rowspan="2">≥205</td><td rowspan="2">≥7</td><td rowspan="2">≥9</td><td>4.10</td><td>249</td><td>216</td><td>11.8</td></tr>
<tr><td>4.10</td><td>272</td><td>222</td><td>15.0</td></tr>
<tr><td rowspan="12">T6</td><td rowspan="12">T6</td><td rowspan="8">≤5.00</td><td rowspan="12">≥260</td><td rowspan="12">≥240</td><td rowspan="8">≥7</td><td rowspan="8">—</td><td>1.50</td><td>295</td><td>281</td><td>9.5</td><td>风冷</td></tr>
<tr><td>3.00</td><td>303</td><td>275</td><td>13.0</td><td rowspan="2">哑铃试样</td></tr>
<tr><td>3.20</td><td>328</td><td>295</td><td>14.5</td></tr>
<tr><td>1.60</td><td>310</td><td>280</td><td>11.0</td><td rowspan="4">电池托盘型材</td></tr>
<tr><td>2.00</td><td>291</td><td>256</td><td>9.0</td></tr>
<tr><td>3.00</td><td>298</td><td>262</td><td>10.0</td></tr>
<tr><td>4.00</td><td>290</td><td>261</td><td>10.6</td></tr>
<tr><td>4.00</td><td>340</td><td>302</td><td>13.0</td><td>哑铃试样</td></tr>
<tr><td rowspan="4">>5.00~25.00</td><td rowspan="4">≥8</td><td rowspan="4">≥10</td><td>6.95</td><td>295</td><td>270</td><td>8.5</td><td>电池托盘型材</td></tr>
<tr><td>7.00</td><td>328</td><td>301</td><td>15.0</td><td rowspan="3">—</td></tr>
<tr><td>9.00</td><td>350</td><td>310</td><td>14.5</td></tr>
<tr><td>15.00</td><td>361</td><td>322</td><td>13.5</td></tr>
</table>

续表 2-4

<table>
<tr><th rowspan="4">牌号</th><th rowspan="4">供货状态</th><th rowspan="4">试样状态</th><th rowspan="4">品种</th><th colspan="11">室温拉伸力学性能</th><th rowspan="4">备注</th></tr>
<tr><th colspan="6">拉伸性能极限值</th><th colspan="5">典型值</th></tr>
<tr><th rowspan="2">产品标准</th><th>壁厚</th><th>抗拉强度 R_m</th><th>规定非比例延伸强度 $R_{p0.2}$</th><th colspan="2">断后伸长率</th><th>尺寸规格/壁厚</th><th>抗拉强度 R_m</th><th>规定非比例延伸强度 $R_{p0.2}$</th><th colspan="2">断后伸长率①</th></tr>
<tr><th>mm</th><th colspan="2">MPa</th><th>$A_{50\ mm}$ %</th><th>$A_{5.65}$ %</th><th>mm</th><th colspan="2">MPa</th><th>$A_{50\ mm}$ %</th><th>$A_{5.65}$ %</th></tr>
<tr><td rowspan="3">6063</td><td rowspan="8">T6</td><td rowspan="8">T6</td><td rowspan="8">空心型材</td><td rowspan="8">GB/T 33910—2017</td><td rowspan="3">≤10.00</td><td rowspan="3">≥215</td><td rowspan="3">≥170</td><td rowspan="5">≥6</td><td rowspan="5">—</td><td>1.50</td><td>237</td><td>214</td><td>11.5</td><td rowspan="8">—</td><td>电池托盘型材</td></tr>
<tr><td>2.40</td><td>231</td><td>213</td><td>11.1</td><td>—</td></tr>
<tr><td>2.50</td><td>244</td><td>222</td><td>11.3</td><td>哑铃试样</td></tr>
<tr><td rowspan="5">6082</td><td rowspan="2">≤5.00</td><td rowspan="2">≥290</td><td rowspan="2">≥250</td><td>2.50</td><td>307</td><td>271</td><td>10.0</td><td rowspan="2">电池托盘型材</td></tr>
<tr><td>5.00</td><td>330</td><td>309</td><td>15.0</td></tr>
<tr><td rowspan="3">>5.00~25.00</td><td rowspan="3">≥310</td><td rowspan="3">≥260</td><td rowspan="3">≥8</td><td rowspan="3">≥10</td><td>5.50</td><td>365</td><td>342</td><td>14.5</td><td rowspan="3">—</td></tr>
<tr><td>10.00</td><td>374</td><td>360</td><td>12.5</td></tr>
<tr><td>18.00</td><td>377</td><td>360</td><td>14.5</td></tr>
</table>

① 制样或测试方法的微小差异，可能导致伸长率测试结果偏离。

2.5　轨道交通用型材

轨道交通用型材是高速动车组、城际动车组、地铁、轻轨等现代化先进轨道交通装备的主要结构材料。轨道车辆的承载结构寿命周期内的强度保证是决定车辆安全性的关键因素，结构的可靠离不开材料性能支撑。力学性能、耐腐蚀性能及可焊接性能等综合性能优良的铝合金挤压型材是支撑车辆结构寿命周期内安全服役的关键。轨道交通用型材常用牌号为6×××系，轨道交通用型材典型状态与性能见表 2-5。

表 2-5　轨道交通用型材典型状态与性能

牌号	供货状态	品种	室温拉伸力学性能										
			拉伸性能极限值						典型值				
			产品标准	壁厚	抗拉强度 R_m	规定非比例延伸强度 $R_{p0.2}$	断后伸长率 $A_{5.65}$	断后伸长率 $A_{50\ mm}$	壁厚	抗拉强度 R_m	规定非比例延伸强度 $R_{p0.2}$	断后伸长率① $A_{5.65}$	断后伸长率① $A_{50\ mm}$
				mm	MPa	MPa	%	%	mm	MPa	MPa	%	%
5083	H112	实心型材	GB/T 26494—2023	所有	≥270	≥125	≥12	≥10	4.00	270	170		33.0
									10.00	311	187		26.0
6A01	T5	空心型材		≤6.00	≥245	≥205	—	≥8	3.00	275	259	—	12.0
									6.00	275	245		12.5
				>6.00~12.00	≥225	≥175			10.00	278	247		15.5
6005A	T6			≤5.00	≥255	≥215		≥6	3.00	280	255		12.5
				>5.00~15.00	≥250	≥200	≥8		10.00	274	241		12.5
									12.00	280	235		26.5
									15.00	281	245	18.5	—
		实心型材		≤5.00	≥270	≥225	—	≥6	2.00	272	244	—	15.0
				>5.00~10.00	≥260	≥215			6.00	291	254		14.0
									8.00	293	254		15.0
									10.00	297	268		17.5
				>10.00~50.00	≥250	≥200	≥8		12.00	297	266		22.5
									15.00	271	251	13.5	—
	T4			≤25.00	≥180	≥90	≥15	≥13	3.00	210	138	—	19.6
									6.00	225	138		20.0
									9.00	216	141		20.0

续表 2-5

牌号	供货状态	品种	室温拉伸力学性能										
			拉伸性能极限值						典型值				
			产品标准	壁厚	抗拉强度 R_m	规定非比例延伸强度 $R_{p0.2}$	断后伸长率		壁厚	抗拉强度 R_m	规定非比例延伸强度 $R_{p0.2}$	断后伸长率[①]	
							$A_{5.65}$	$A_{50\ mm}$				$A_{5.65}$	$A_{50\ mm}$
				mm	MPa		%		mm	MPa		%	
6106	T6	空心型材	GB/T 26494—2023	≤10.00	≥250	≥200	—	≥6	6.00	253	231	—	14.0
		实心型材							3.50	308	277		12.4
									6.00	284	260		14.0
6060	T5			≤5.00	≥160	≥120			1.20	273	251		10.0
									2.00	255	236		13.5
									2.50	251	230		13.7
6061	T6	空心型材			≥260	≥240		≥7	1.20	293	273		10.5
									2.50	285	248		12.6
									3.50	273	255		12.0
				>5.00~25.00			≥10	≥8	9.50	289	258		16.6
									10.00	297	261		17.8
									24.00	303	286	14.5	—
6063	T4			≤25.00	≥130	≥65	≥14	≥12	3.00	148	79	—	20.0
	T5	—		≤3.00	≥175	≥130	—	≥6	3.00	247	224		13.0
				>3.00~25.00	≥160	≥110	≥7	≥5	4.00	259	233		10.0
									5.00	256	234		11.5
	T6	空心型材		≤10.00	≥215	≥170	—	≥6	2.00	253	231		12.0
									3.00	266	232		11.0
									7.00	243	216		12.0

续表 2-5

<table>
<tr><th rowspan="5">牌号</th><th rowspan="5">供货状态</th><th rowspan="5">品种</th><th colspan="11">室温拉伸力学性能</th></tr>
<tr><th colspan="6">拉伸性能极限值</th><th colspan="5">典型值</th></tr>
<tr><th rowspan="3">产品标准</th><th rowspan="2">壁厚</th><th rowspan="2">抗拉强度 R_m</th><th rowspan="2">规定非比例延伸强度 $R_{p0.2}$</th><th colspan="2">断后伸长率</th><th rowspan="2">壁厚</th><th rowspan="2">抗拉强度 R_m</th><th rowspan="2">规定非比例延伸强度 $R_{p0.2}$</th><th colspan="2">断后伸长率①</th></tr>
<tr><th>$A_{5.65}$</th><th>$A_{50\,mm}$</th><th>$A_{5.65}$</th><th>$A_{50\,mm}$</th></tr>
<tr><th>mm</th><th colspan="2">MPa</th><th colspan="2">%</th><th>mm</th><th colspan="2">MPa</th><th colspan="2">%</th></tr>
<tr><td rowspan="2">6063</td><td rowspan="2">T6</td><td rowspan="2">空心型材</td><td rowspan="9">GB/T 26494—2023</td><td rowspan="2">≤10.00</td><td rowspan="2">≥215</td><td rowspan="2">≥170</td><td rowspan="4">—</td><td rowspan="4">≥6</td><td>8.00</td><td>244</td><td>219</td><td rowspan="8">—</td><td>13.0</td></tr>
<tr><td>10.00</td><td>249</td><td>228</td><td>13.0</td></tr>
<tr><td rowspan="7">6082</td><td rowspan="7">T6</td><td rowspan="7">实心型材</td><td rowspan="2">≤5.00</td><td rowspan="2">≥290</td><td rowspan="2">≥250</td><td>2.00</td><td>341</td><td>301</td><td>11.0</td></tr>
<tr><td>5.00</td><td>323</td><td>284</td><td>12.6</td></tr>
<tr><td rowspan="5">>5.00~25.00</td><td rowspan="5">≥310</td><td rowspan="5">≥260</td><td rowspan="5">≥10</td><td rowspan="5">≥8</td><td>6.00</td><td>328</td><td>281</td><td>14.4</td></tr>
<tr><td>8.00</td><td>332</td><td>309</td><td>14.5</td></tr>
<tr><td>10.00</td><td>338</td><td>314</td><td>10.0</td></tr>
<tr><td>12.50</td><td>330</td><td>298</td><td>16.4</td></tr>
<tr><td>18.00</td><td>348</td><td>314</td><td>13.0</td><td>—</td></tr>
</table>

① 制样或测试方法的微小差异，可能导致伸长率测试结果偏离。

2.6　建筑用型材

铝合金建筑型材主要用作门窗（见图 2-2（a））、幕墙及建筑铝模板（见图 2-2（b））材料，广泛应用于住宅、商业、工业、公共建筑等多个领域。铝合金建筑型材根据使用用途和表面处理类型不同细分为基材、阳极氧化型材、电泳涂漆型材、喷粉型材、喷漆型材、隔热型材六大类。每一类都有各自的性能要求与膜层特点。未经表面处理的挤压型材外观颜色单一，在潮湿、污染的大气中容易腐蚀，因而很难满足建筑材料高装饰性、强耐候及耐酸碱性的要求。为提高装饰效果、增强抗腐蚀性及延长使用寿命，铝型材一般都要进行表面处理，经过表面处理的铝合金建筑型材可适应工业区域、城市区域、海洋区域、乡村区域等不同的区域环境类型，可抵抗潮湿、雨、露、风、霜等气候的破坏作用。铝合金建筑型材的牌号为 6005、6060、6063、6061，绝大部分采用 6063 牌号，供货状态包括 T4、T5、T6、T66。建筑用型材典型状态与性能见表 2-6。

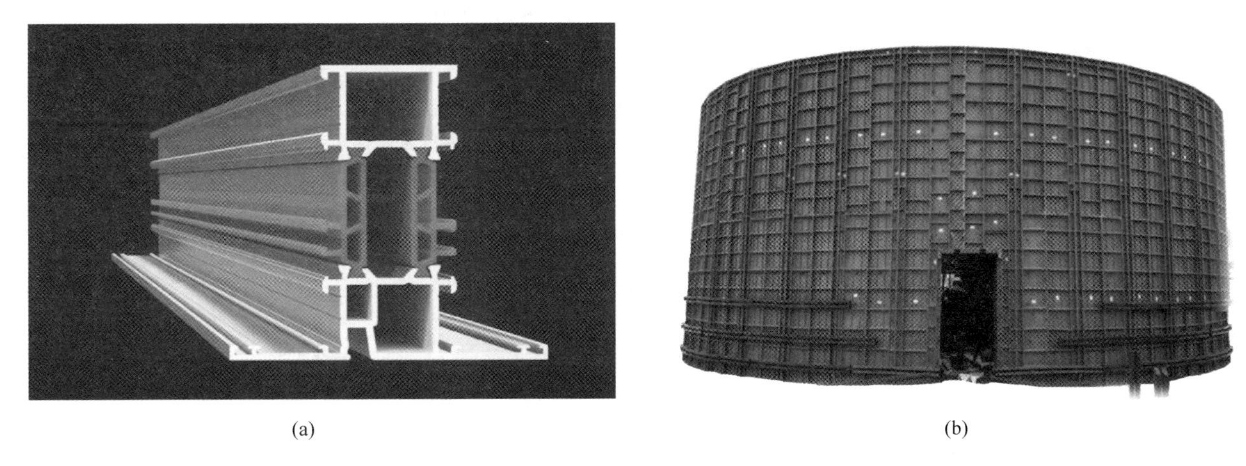

(a) (b)

图 2-2 建筑用型材典型照片

(a) 门窗型材（山东华建铝业集团有限公司提供）；(b) 铝模板用型材（福建省闽发铝业股份有限公司）

表 2-6 建筑用型材典型状态与性能

牌号	供货状态	试样状态	品种	室温拉伸力学性能										
				拉伸性能极限值						典型值				
				产品标准	壁厚	抗拉强度 R_m	规定非比例延伸强度 $R_{p0.2}$	断后伸长率		壁厚	抗拉强度 R_m	规定非比例延伸强度 $R_{p0.2}$	断后伸长率[1]	
								$A_{5.65}$	$A_{50\ mm}$				$A_{5.65}$	$A_{50\ mm}$
					mm	MPa		%		mm	MPa		%	
6061	T6	T6	空心型材	GB/T 5237.1—2017	所有	≥265	≥245	≥8	≥8	9.00	300	285	10.0	—
			实心型材							9.00	314	292	12.0	
6063	T5	T5	空心型材			≥160	≥110			1.70	238	211	11.5	
										2.80	246	220	13.0	
										4.00	233	214	11.5	

续表 2-6

牌号	供货状态	试样状态	品种	室温拉伸力学性能										
				拉伸性能极限值						典型值				
				产品标准	壁厚	抗拉强度 R_m	规定非比例延伸强度 $R_{p0.2}$	断后伸长率 $A_{5.65}$	断后伸长率 $A_{50\ mm}$	壁厚	抗拉强度 R_m	规定非比例延伸强度 $R_{p0.2}$	断后伸长率[①] $A_{5.65}$	断后伸长率[①] $A_{50\ mm}$
					mm	MPa	MPa	%	%	mm	MPa	MPa	%	%
6063	T5	T5	空心型材	GB/T 5237.1—2017	所有	≥160	≥110	≥8	≥8	6.00	237	213	13.5	—
										7.00	240	216	13.5	
										9.00	256	223	17.5	
	T6	T6				≥205	≥180			1.50	262	236	13.0	
										2.00	265	227	13.0	
										4.50	273	258	12.5	
										6.50	277	253	12.0	
										8.00	288	275	15.5	
	T64	T64		—	所有	≥160	≥110	≥8	≥8	2.20	238	212	12.5	
	T66	T66		GB/T 5237.1—2017	≤10.00	≥245	≥200	—	≥6	5.00	293	264	11.5	
6063A	T5	T5			≤10.00	≥200	≥160	≥5	≥5	3.00	257	235	11.5	
	T6	T6			≤10.00	≥230	≥190			3.00	259	243	10.5	

① 制样或测试方法的微小差异，可能导致伸长率测试结果偏离。

2.7　一般工业用铝及铝合金型材

一般工业用铝及铝合金型材广泛应用于交通运输、医疗器械、电子电器、机械器具等各领域。

一般工业用铝及铝合金挤压型材牌号涵盖 1×××系、2×××系、3×××系、5×××系、6×××系和 7×××系，产品长度为 1000～14000 mm，产品状态主要有 O、H112、T4、T5、T6、T66。一般工业用铝及铝合金型材典型状态与性能见表 2-7。

表 2-7 一般工业用铝及铝合金型材典型状态与性能

牌号	供货状态	试样状态	品种	室温拉伸力学性能											备注
				拉伸性能极限值						典型值					
				产品标准	壁厚	抗拉强度 R_m	规定非比例延伸强度 $R_{p0.2}$	断后伸长率 $A_{5.65}$	断后伸长率 $A_{50\ mm}$	壁厚	抗拉强度 R_m	规定非比例延伸强度 $R_{p0.2}$	断后伸长率① $A_{5.65}$	断后伸长率① $A_{50\ mm}$	
					mm	MPa	MPa	%	%	mm	MPa	MPa	%	%	
1060	H112	H112	空心型材	GB/T 6892—2023	所有	≥60	≥15	≥22	≥20	7.78	60	34	63.0	—	医疗器械等
1350							—	≥25	≥23	28.00	81	50	40.9		
2A12	O	O				≤245		≥12	≥10	3.00	218	—	18.0		—
										4.00	212		17.5		
										5.00	208		20.0		
										10.00	221		17.0		
	T4	T4			≤5.00	≥410	≥295	—	≥8	1.00	446	336	17.5		
										2.00	454	350	16.5		
										5.00	489	365	17.5		
					>5.00~10.00					6.00	461	340	17.2		
										8.00	520	353	15.0		
					>10.00~20.00	≥420	≥305	≥10		10.50	524	373	15.0		
										12.00	542	410	15.5		
					>20.00~50.00	≥440	≥315		—	25.00	545	385	16.0		
										25.00	555	395	17.5		
2024	T3	T3			≤15.00	≥395	≥290	≥8	≥6	3.41	440	369	16.0		
3A21	H112	H112			所有	≤185	—	≥16	≥14	3.00	126	73	40.5		
5A02						≤245		≥12	≥10	4.90	172	—	27.5		

续表 2-7

牌号	供货状态	试样状态	品种	室温拉伸力学性能											备注
				拉伸性能极限值						典型值					
				产品标准	壁厚	抗拉强度 R_m	规定非比例延伸强度 $R_{p0.2}$	断后伸长率		壁厚	抗拉强度 R_m	规定非比例延伸强度 $R_{p0.2}$	断后伸长率①		
								$A_{5.65}$	$A_{50\ mm}$				$A_{5.65}$	$A_{50\ mm}$	
					mm	MPa		%		mm	MPa		%		
5A06	H112	H112	空心型材	GB/T 6892—2023	所有	≥315	≥160	≥15	≥13	3.30	333	172	30.0	—	—
5052	O	O				≤245	—	≥12	≥10	4.20	182	86	27.5		天然气
	H112	H112				≥170	≥70	≥15	≥13	8.00	187	121	19.2		
5083						≥270	≥125	≥12	≥10	4.10	305	220	18.5		—
										7.30	289	183	26.0		
5383						≥310	≥190	—	≥13	3.80	343	200	15.0		
6A02	T6	T6				≥295	≥230	≥10	≥8	3.60	307	270	11.8		
6A66	T5	T5				≥320	≥280	—		3.20	328	295	11.6		
	T6	T6				≥350	≥310			1.70	352	320	11.2		
6101B	T6	T6			≤15.00	≥215	≥160	≥8	≥6	5.00	225	183	16.0		
										10.00	247	225	19.0		
6005	T4	T4			≤25.00	≥180	≥90	≥15	≥13	2.60	190	92	25.8		天线管
	T5	T5			≤6.30	≥250	≥220	—	≥7	2.00	297	275	14.0		
	T6	T6			≤5.00	≥255	≥215		≥6	1.70	264	241	9.0		
					>5.00~15.00	≥250	≥200	≥8		5.90	283	262	8.6		
6005A	T5	T5			≤6.30			—	≥7	2.00	274	238	11.5		
	T6	T6	实心型材		≤5.00	≥270	≥225		≥6	2.00	283	265	11.0		
					>5.00~10.00	≥260	≥215			6.00	286	266	8.0		

续表 2-7

牌号	供货状态	试样状态	品种	室温拉伸力学性能											备注
				拉伸性能极限值						典型值					
				产品标准	壁厚	抗拉强度 R_m	规定非比例延伸强度 $R_{p0.2}$	断后伸长率 $A_{5.65}$	断后伸长率 $A_{50\ mm}$	壁厚	抗拉强度 R_m	规定非比例延伸强度 $R_{p0.2}$	断后伸长率[①] $A_{5.65}$	断后伸长率[①] $A_{50\ mm}$	
					mm	MPa		%		mm	MPa		%		
6005A	T6	T6	实心型材	GB/T 6892—2023	>10.00~25.00	≥250	≥200	≥8	≥6	15.00	319	306	18.5	—	天线管
6005A	T6	T6	空心型材	GB/T 6892—2023	≤5.00	≥255	≥215	—	≥6	5.00	267	242	10.5	—	天线管
6005A	T6	T6	空心型材	GB/T 6892—2023	>5.00~10.00	≥250	≥200	≥8	≥6	6.00	272	230	21.5	—	天线管
6013	T6	T6	空心型材	GB/T 6892—2023	所有	≥300	≥250	—	≥8	3.00	379	359	13.5	—	—
6013	T6	T6	空心型材	GB/T 6892—2023	所有	≥300	≥250	—	≥8	4.00	383	364	11.5	—	—
6013	T6	T6	空心型材	GB/T 6892—2023	所有	≥300	≥250	—	≥8	6.00	384	369	14.0	—	—
6013	T6	T6	空心型材	GB/T 6892—2023	所有	≥300	≥250	—	≥8	9.00	391	382	10.0	—	—
6105	T5	T5	空心型材	GB/T 6892—2023	所有	≥250	≥240	—	≥8	1.00	287	263	11.4	—	—
6105	T5	T5	空心型材	GB/T 6892—2023	所有	≥250	≥240	—	≥8	2.00	294	266	9.4	—	—
6105	T5	T5	空心型材	GB/T 6892—2023	所有	≥250	≥240	—	≥8	5.00	344	323	11.0	—	—
6106	T6	T6	空心型材	GB/T 6892—2023	≤10.00	≥250	≥200	—	≥6	3.00	265	245	14.0	—	横向性能为：R_m：≥249.36 MPa，$R_{p0.2}$：≥213.32 MPa，$A_{50\ mm}$：≥9.82%
6106	T6	T6	空心型材	GB/T 6892—2023	≤10.00	≥250	≥200	—	≥6	5.00	270	240	16.5	—	横向性能为：R_m：≥249.36 MPa，$R_{p0.2}$：≥213.32 MPa，$A_{50\ mm}$：≥9.82%
6351	T6	T6	空心型材	GB/T 6892—2023	≤5.00	≥290	≥250	—	≥6	4.00	310	281	14.0	—	横向性能为：R_m：≥336.47 MPa，$R_{p0.2}$：≥288.66 MPa，$A_{50\ mm}$：≥13.87%

续表 2-7

牌号	供货状态	试样状态	品种	室温拉伸力学性能											备注
				拉伸性能极限值						典型值					
				产品标准	壁厚	抗拉强度 R_m	规定非比例延伸强度 $R_{p0.2}$	断后伸长率 $A_{5.65}$	断后伸长率 $A_{50\,mm}$	壁厚	抗拉强度 R_m	规定非比例延伸强度 $R_{p0.2}$	断后伸长率[①] $A_{5.65}$	断后伸长率[①] $A_{50\,mm}$	
					mm	MPa	MPa	%	%	mm	MPa	MPa	%	%	
6351	T6	T6	空心型材	GB/T 6892—2023	>5.00~25.00	≥300	≥255	≥10	≥8	5.00	322	287	12.8	—	—
										6.00	325	299	13.4		
6060	T4	T4			≤25.00	≥120	≥60	≥16	≥14	3.00	159	93	26.5		横向性能为：R_m：≥142.45 MPa，$R_{p0.2}$：≥70.24 MPa，$A_{50\,mm}$：≥27.14%
	T5	T5			≤5.00	≥160	≥120	—	≥6	1.20	219	193	8.5		—
	T6	T6			≤3.00	≥190	≥150			2.00	212	187	13.0		
					>3.00~25.00	≥170	≥140	≥8		5.00	234	168	10.0		
	T66	T66			≤3.00	≥215	≥160	—		2.00	240	221	10.5		
					>3.00~25.00	≥195	≥150	≥8		5.00	247	199	17.0		
6463	T5	T5			≤50.00	≥150	≥110			1.00	278	231	11.0		
										2.00	279	241	12.0		
6082	T6	T6	—		>5.00~25.00	≥310	≥260	≥10	≥8	8.00	374	349	11.0		
7A04			空心型材		≤10.00	≥500	≥430	—	≥4	9.00	589	533	12.0		
					>10.00~20.00	≥530	≥440	≥6		19.50	686	619	11.5		
					>20.00~50.00	≥560	≥460		—	46.00	645	604	10.5		
7003					≤10.00	≥350	≥290	—	≥8	3.00	377	334	16.4		

续表 2-7

牌号	供货状态	试样状态	品种	室温拉伸力学性能											备注
				拉伸性能极限值						典型值					
				产品标准	壁厚	抗拉强度 R_m	规定非比例延伸强度 $R_{p0.2}$	断后伸长率		壁厚	抗拉强度 R_m	规定非比例延伸强度 $R_{p0.2}$	断后伸长率[①]		
								$A_{5.65}$	$A_{50\ mm}$				$A_{5.65}$	$A_{50\ mm}$	
					mm	MPa		%		mm	MPa		%		
7005	T5	T5	空心型材	GB/T 6892—2023	≤25.00	≥345	≥305	≥10	≥8	5.00	396	359	15.4	—	—
	T6	T6			≤40.00	≥350	≥290			5.00	413	372	14.0		
7020										3.10	410	360	15.5		横向性能为： R_m：≥412.21 MPa， $R_{p0.2}$：≥373.3 MPa， $A_{50\ mm}$：≥14.23%
										5.00	405	340	12.5		
7022	T6、T6511	T6、T6511			≤30.00	≥490	≥420	≥7	≥5	10.00	600	574	11.0		吹瓶模具型材
7A21	T5	T5			所有	≥380	≥350	—	≥8	3.50	419	389	13.6		—
7A41	T6	T6				≥460	≥420			10.00	465	431	14.4		
7075	T6、T6510、T6511	T6、T6510、T6511			≤25.00	≥530	≥460	≥6	≥4	2.00	593	527	11.0		
										3.00	586	554	10.5		
										4.00	612	557	11.0		
										5.00	605	556	11.0		
					>25.00~60.00	≥540	≥470		—	25.00	600	542	12.0		水冷

① 制样或测试方法的微小差异，可能导致伸长率测试结果偏离。

3　锻件产品的状态与性能

3.1　航空航天用铝合金锻件

铝合金锻件具有优良的综合使用性能（包括力学性能、物理性能、抗腐蚀性能等）及加工性能（包括切削加工性能、焊接性能等），同时其重量轻、疲劳性能好、耐腐蚀性高，很好地满足了航空航天领域对高端材料的要求。目前，铝合金锻件不断发展，已经能满足航空航天领域大型整体式结构件的需求，常用作隔框、翼梁、托架等飞机承载构件，以及载人航天、深空探测、探月工程等的关键结构件、连接件、过渡环等。

航空航天用铝合金锻件常用牌号为2×××系和7×××系，典型产品类型有模锻件、自由锻件、轧环，产品状态为T1、T6、T73、T74、T652、T7352、T7452、T76，抗拉强度范围为380~600 MPa，规定非比例延伸强度为200~500 MPa，绝大部分航空航天用铝合金锻件对三向力学性能均有要求。航空航天锻件典型状态与性能见表3-1。

表3-1　航空航天用锻件典型状态与性能

牌号	供货状态	试样状态	品种	取样方向	室温拉伸力学性能										
					拉伸性能极限值						典型值				
					产品标准	厚度	抗拉强度 R_m	规定非比例延伸强度 $R_{p0.2}$	断后伸长率 $A_{5.65}$	断后伸长率 $A_{4.515}$	厚度	抗拉强度 R_m	规定非比例延伸强度 $R_{p0.2}$	断后伸长率[①] $A_{5.65}$	断后伸长率[①] $A_{4.515}$
						mm	MPa	MPa	%	%	mm	MPa	MPa	%	%
2014	T6	T6	模锻件	纵向	YS/T 1631—2023	>25~51	≥448	≥386	≥5	≥6	50	467	413	5.0	5.0
				横向			≥441	≥379	≥1	≥2		453	393	—	4.3
2219	T852	T852	自由锻件	纵向		≤102	≥427	≥345	≥5	≥6	100	443	345	10.0	—
				横向			≥427	≥338	≥3	≥4		430	339	6.0	

续表 3-1

牌号	供货状态	试样状态	品种	取样方向	室温拉伸力学性能										
					拉伸性能极限值						典型值				
					产品标准	厚度	抗拉强度 R_m	规定非比例延伸强度 $R_{p0.2}$	断后伸长率 $A_{5.65}$	断后伸长率 $A_{4.515}$	厚度	抗拉强度 R_m	规定非比例延伸强度 $R_{p0.2}$	断后伸长率[①] $A_{5.65}$	断后伸长率[①] $A_{4.515}$
						mm	MPa		%		mm	MPa		%	
2219	T852	T852	自由锻件	高向	YS/T 1631—2023	≤102	≥414	≥317	≥2	≥3	100	421	327	6.0	—
				纵向		>102~152	≥400	≥303	≥5	≥6	120	417	308	11.0	
				横向			≥386	≥290	≥3	≥4		408	306	4.0	
				高向			≥386	≥283	≥2	≥3		407	308	5.0	
7050	O1、T74	T74	模锻件	纵向	GB/T 34480—2023	>51~102	≥490	≥421	≥6	≥7	100	491	426	—	6.8
				横向			≥462	≥379	≥4	≥4		466	381		3.8
				纵向		>102~127	≥483	≥414	≥6	≥7	120	495	437		6.9
				横向			≥455	≥372	≥3	≥3		474	390		2.2
				纵向		>127~152	≥483	≥407	≥6	≥7	135	497	433		5.6
				横向			≥455	≥372	≥3	≥3		484	407		2.9
			自由锻件	纵向		>51~76	≥496	≥427	≥8	≥9	70	498	428		8.3
				横向			≥483	≥414	≥5	≥5		504	415		6.3
				高向			≥462	≥379	≥4	≥4		474	386		1.9
				纵向		>76~102	≥490	≥421	≥8	≥9	100	496	421		8.3
				横向			≥483	≥407	≥5	≥5		490	407		4.1
				高向			≥462	≥379	≥4	≥4		463	385		3.4
				纵向		>102~127	≥483	≥414	≥8	≥9	120	499	418		8.1
				横向			≥476	≥400	≥4	≥4		494	418		7.4
				高向			≥455	≥372	≥3	≥3		469	372		4.0

续表 3-1

牌号	供货状态	试样状态	品种	取样方向	室温拉伸力学性能										
					拉伸性能极限值						典型值				
					产品标准	厚度	抗拉强度 R_m	规定非比例延伸强度 $R_{p0.2}$	断后伸长率		厚度	抗拉强度 R_m	规定非比例延伸强度 $R_{p0.2}$	断后伸长率[①]	
									$A_{5.65}$	$A_{4.515}$				$A_{5.65}$	$A_{4.515}$
						mm	MPa		%		mm	MPa		%	
7050	O1、T74	T74	自由锻件	纵向	GB/T 34480—2023	>127~152	≥476	≥407	≥8	≥9	135	479	407	—	8.5
				横向			≥469	≥386	≥4	≥4		470	386		4.6
				高向			≥455	≥365	≥3	≥3		455	368		2.5
				纵向		>152~178	≥469	≥400	≥8	≥9	165	471	403		8.1
				横向			≥462	≥386	≥4	≥4		463	391		3.7
				高向			≥448	≥359	≥3	≥3		458	360		2.7
				纵向		>178~203	≥462	≥393	≥8	≥9	180	462	396		8.3
				横向			≥455	≥359	≥4	≥4		458	360		3.5
				高向			≥441	≥345	≥3	≥3		441	348		2.5
7050	T7452	T7452		纵向		>51~76	≥496	≥427	≥8	≥9	75	498	430		9.0
				横向			≥483	≥414	≥5	≥5		487	421		4.5
				高向			≥462	≥379	≥4	≥4		463	385		3.5
				纵向		>76~102	≥490	≥421	≥8	≥9	100	496	421		8.3
				横向			≥483	≥407	≥5	≥5		490	411		4.7
				高向			≥462	≥379	≥4	≥4		463	388		3.5
				纵向		>102~127	≥483	≥414	≥8	≥9	120	492	415		8.7
				横向			≥476	≥400	≥4	≥4		480	401		3.5
				高向			≥455	≥372	≥3	≥3		459	376		2.9

续表 3-1

牌号	供货状态	试样状态	品种	取样方向	室温拉伸力学性能										
					拉伸性能极限值						典型值				
					产品标准	厚度	抗拉强度 R_m	规定非比例延伸强度 $R_{p0.2}$	断后伸长率		厚度	抗拉强度 R_m	规定非比例延伸强度 $R_{p0.2}$	断后伸长率①	
									$A_{5.65}$	$A_{4.515}$				$A_{5.65}$	$A_{4.515}$
						mm	MPa		%		mm	MPa		%	
7050	T7452	T7452	自由锻件	纵向	GB/T 34480—2023	>127~152	≥476	≥407	≥8	≥9	135	480	409	—	9.1
				横向			≥469	≥386	≥4	≥4		475	393		4.6
				高向			≥455	≥365	≥3	≥3		456	367		2.9
				纵向		>152~178	≥469	≥400	≥8	≥9	160	475	403		8.5
				横向			≥462	≥386	≥4	≥4		465	386		3.6
				高向			≥448	≥359	≥3	≥3		452	359		2.7
				纵向		>178~203	≥462	≥393	≥8	≥9	180	462	396		8.5
				横向			≥455	≥359	≥4	≥4		458	360		3.5
				高向			≥441	≥345	≥3	≥3		441	348		2.6
7175	T74	T74	模段件	纵向		≤51	≥503	≥434	≥8	≥9	50	544	484	11.5	—
				横向			≥490	≥414	≥4	≥5		525	473	10.0	
			自由锻件	纵向	—	>130~150	≥450	≥370	—	≥7	140	451	372	—	7.2
				横向			≥440	≥360		≥4		440	362		4.9
				高向			≥435	≥360		≥3		438	362		3.2
7A85	T7452	T7452	模锻件	纵向	GB/T 34480—2023	>203~254	≥496	≥448	≥6	≥7	230	509	453	8.5	—
				横向			≥483	≥427	≥4	≥5		488	433	7.2	
				高向			≥483	≥407	≥3	≥3		485	421	6.1	

续表 3-1

牌号	供货状态	试样状态	品种	取样方向	室温拉伸力学性能										
					拉伸性能极限值						典型值				
					产品标准	厚度	抗拉强度 R_m	规定非比例延伸强度 $R_{p0.2}$	断后伸长率		厚度	抗拉强度 R_m	规定非比例延伸强度 $R_{p0.2}$	断后伸长率[①]	
									$A_{5.65}$	$A_{4.515}$				$A_{5.65}$	$A_{4.515}$
						mm	MPa		%		mm	MPa		%	
7A85	T7452	T7452	自由锻件	纵向	GB/T 34480—2023	>51~102	≥510	≥462	≥9	≥10	90	528	489	12.5	—
				横向			≥503	≥455	≥5	≥6		512	461	7.4	
				高向			≥490	≥427	≥3	≥3		504	429	5.5	
				纵向		>102~152	≥496	≥448	≥9	≥10	135	507	465	10.0	
				横向			≥496	≥448	≥5	≥6		502	457	6.5	
				高向			≥483	≥414	≥3	≥3		494	422	5.1	
				纵向		>152~203	≥490	≥441	≥9	≥10	180	503	452	10.5	
				横向			≥483	≥434	≥5	≥6		495	440	8.0	
				高向			≥476	≥407	≥3	≥3		482	417	5.0	
				纵向		>203~254	≥476	≥427	≥9	≥10	235	497	447	9.5	
				横向			≥476	≥421	≥5	≥6		489	438	6.2	
				高向			≥469	≥393	≥3	≥3		481	411	4.5	
				纵向		>254~305	≥469	≥421	≥8	≥9	265	491	443	9.0	
				横向			≥462	≥407	≥4	≥5		478	426	4.9	
				高向			≥462	≥386	≥2	≥2		473	403	3.8	

① 制样或测试方法的微小差异，可能导致伸长率测试结果偏离。

3.2 一般工业用铝及铝合金锻件

铝合金锻件广泛应用于飞机、航天器、铁道车辆、地下铁道、高速列车、货运列车、汽车、舰艇、船舶、火炮、坦克及机械设备等轻量化程度要求高的产品受力部件和结构件，如飞机结构件、坦克负重轮、炮台机架、直升机动环和不动环、火车气缸和活塞裙、木工机械机身、纺织机械的机座和绞线盘、汽车（特别是重型汽车和大中型客车）轮毂和保险杠等。

铝合金锻件常用牌号 2×××系、3×××系、4×××系、5×××系、6×××系和 7×××系，典型产品类型有模锻件、自由锻件、锻环，产品状态为 O、H112、T4、T6、T652、T73、T74、T7452、T76，典型状态与性能见表 3-2。

表 3-2 一般工业用铝及铝合金锻件典型状态与性能

<table>
<tr><th rowspan="5">牌号</th><th rowspan="5">供货状态</th><th rowspan="5">试样状态</th><th rowspan="5">品种</th><th rowspan="5">方向</th><th colspan="11">室温拉伸力学性能</th><th rowspan="5">备注</th></tr>
<tr><th colspan="6">拉伸性能极限值</th><th colspan="5">典型值</th></tr>
<tr><th rowspan="3">产品标准</th><th rowspan="2">厚度</th><th rowspan="2">抗拉强度 R_m</th><th rowspan="2">规定非比例延伸强度 $R_{p0.2}$</th><th colspan="2">断后伸长率</th><th rowspan="2">厚度</th><th rowspan="2">抗拉强度 R_m</th><th rowspan="2">规定非比例延伸强度 $R_{p0.2}$</th><th colspan="2">断后伸长率①</th></tr>
<tr><th>$A_{50\ mm}$</th><th>$A_{5.65}$</th><th>$A_{50\ mm}$</th><th>$A_{5.65}$</th></tr>
<tr><th>mm</th><th colspan="2">MPa</th><th colspan="2">%</th><th>mm</th><th colspan="2">MPa</th><th colspan="2">%</th></tr>
<tr><td rowspan="2">2A02</td><td rowspan="2">T6</td><td rowspan="2">T6</td><td>模锻件</td><td>纵向</td><td rowspan="2">—</td><td rowspan="10">≤100</td><td rowspan="2">≥390</td><td rowspan="2">≥255</td><td>≥10</td><td>≥9</td><td>90</td><td>396</td><td>261</td><td>10.4</td><td>9.6</td><td rowspan="2">—</td></tr>
<tr><td>自由锻件</td><td>纵向</td><td>—</td><td>≥10</td><td>100</td><td>397</td><td>262</td><td>—</td><td>10.5</td></tr>
<tr><td rowspan="6">2A11</td><td rowspan="6">T4</td><td rowspan="6">T4</td><td rowspan="3">模锻件</td><td>纵向</td><td rowspan="3">GB/T 8545—2024</td><td>≥375</td><td>≥195</td><td>≥12</td><td>≥10</td><td rowspan="3">95</td><td>382</td><td>202</td><td>13.6</td><td>10.1</td><td>船用</td></tr>
<tr><td>横向</td><td>≥355</td><td>≥177</td><td>≥6</td><td>≥5</td><td>369</td><td>188</td><td>6.3</td><td>6.2</td><td rowspan="7">—</td></tr>
<tr><td>高向</td><td>≥325</td><td rowspan="4">—</td><td>≥5</td><td>≥4</td><td>336</td><td>178</td><td>5.3</td><td>4.4</td></tr>
<tr><td rowspan="3">自由锻件</td><td>纵向</td><td rowspan="3">—</td><td>≥355</td><td rowspan="3">—</td><td>≥10</td><td rowspan="3">100</td><td>370</td><td>186</td><td rowspan="5">—</td><td>10.5</td></tr>
<tr><td>横向</td><td>≥335</td><td>≥5</td><td>343</td><td>172</td><td>5.5</td></tr>
<tr><td>高向</td><td>≥315</td><td>≥4</td><td>322</td><td>160</td><td>4.8</td></tr>
<tr><td rowspan="2">2A12</td><td rowspan="2">T4/H112</td><td rowspan="2">T4</td><td>模锻件</td><td>纵向</td><td rowspan="2">GB/T 8545—2024</td><td rowspan="2">≥420</td><td rowspan="2">≥275</td><td>≥12</td><td rowspan="2">≥10</td><td>90</td><td>423</td><td>282</td><td>10.3</td></tr>
<tr><td>自由锻件</td><td>纵向</td><td>—</td><td>80</td><td>423</td><td>280</td><td>10.8</td></tr>
</table>

续表 3-2

牌号	供货状态	试样状态	品种	方向	室温拉伸力学性能											备注
					拉伸性能极限值						典型值					
					产品标准	厚度	抗拉强度 R_m	规定非比例延伸强度 $R_{p0.2}$	断后伸长率 $A_{50\ mm}$	断后伸长率 $A_{5.65}$	厚度	抗拉强度 R_m	规定非比例延伸强度 $R_{p0.2}$	断后伸长率① $A_{50\ mm}$	断后伸长率① $A_{5.65}$	
						mm	MPa	MPa	%	%	mm	MPa	MPa	%	%	
2014	T4	T4	模锻件	纵向	—	≤100	≥380	≥205	≥11	≥9	85	388	210	11.2	9.5	飞机起落架系统
	T6	T6		纵向	GB/T 8545—2024	≤25	≥450	≥385	≥6	≥5	20	458	391	6.6	5.8	
				横向			≥440	≥380	≥3	≥2		451	385	3.6	2.6	—
				高向								441	383	3.6	2.6	
				纵向		>25~50	≥450	≥385	≥6	≥5	40	455	389	6.4	5.2	飞机起落架系统
				横向			≥440	≥380	≥3	≥2		443	385	2.3	1.6	—
				高向								443	383	2.3	1.6	
				纵向		>50~80	≥450	≥380	≥6	≥5	70	456	387	6.3	5.6	飞机起落架系统
				横向			≥435	≥370	≥2	≥1		441	375	2.6	1.3	—
				高向								439	374	2.3	1.2	
				纵向		>80~100	≥435	≥380	≥6	≥5	93	441	390	6.4	5.7	
				横向				≥370	≥2	≥1		440	379	2.3	1.3	
				高向								438	377	2.4	1.4	
	T6	T6	自由锻件	纵向		≤50	≥450	≥385	—	≥7	45	453	390	—	7.5	飞机起落架系统
				横向						≥2		453	389		3.0	—
				纵向		>50~80	≥440	≥385		≥7	75	446	388		7.9	
				横向				≥380		≥2		444	387		2.3	
				高向			≥425			≥1		430	387		1.2	

续表 3-2

牌号	供货状态	试样状态	品种	方向	室温拉伸力学性能											备注
					拉伸性能极限值						典型值					
					产品标准	厚度	抗拉强度 R_m	规定非比例延伸强度 $R_{p0.2}$	断后伸长率		厚度	抗拉强度 R_m	规定非比例延伸强度 $R_{p0.2}$	断后伸长率[①]		
									$A_{50\ mm}$	$A_{5.65}$				$A_{50\ mm}$	$A_{5.65}$	
						mm	MPa		%		mm	MPa		%		
2014	T6	T6	自由锻件	纵向	GB/T 8545—2024	>80~100	≥435	≥380	—	≥7	95	441	386	—	8.0	—
				横向						≥2		441	389		2.6	
				高向			≥420	≥370		≥1		425	380		1.3	
				纵向		>100~130	≥425	≥370		≥6	120	437	381		7.0	
				横向						≥1		431	381		1.3	
				高向			≥415	≥365		—		425	371		1.6	
				纵向		>130~150	≥420	≥365		≥6	135	433	381		6.7	
				横向						≥1		431	379		1.6	
				高向			≥405			—		421	370		1.3	
				纵向		>150~180	≥415	≥360		≥5	165	422	371		6.0	
				横向						≥1		421	370		1.3	
				高向			≥400			—		410	369		1.5	
				纵向		>180~200	≥405	≥350		≥5	190	420	370		5.2	
				横向						≥1		411	361		1.2	
				高向			≥395			—		405	360		1.5	
	T652	T652		纵向		≤50	≥450	≥385		≥7	50	457	391		7.9	
				横向						≥2		451	389		2.3	

续表 3-2

牌号	供货状态	试样状态	品种	方向	室温拉伸力学性能											备注
					拉伸性能极限值						典型值					
					产品标准	厚度	抗拉强度 R_m	规定非比例延伸强度 $R_{p0.2}$	断后伸长率		厚度	抗拉强度 R_m	规定非比例延伸强度 $R_{p0.2}$	断后伸长率①		
									$A_{50\ mm}$	$A_{5.65}$				$A_{50\ mm}$	$A_{5.65}$	
						mm	MPa		%		mm	MPa		%		
2014	T652	T652	自由锻件	纵向	GB/T 8545—2024	>50~80	≥440	≥385	—	≥7	80	451	393	—	7.6	—
				横向				≥380		≥2		451	393		2.3	
				高向			≥425	≥360		≥1		431	368		1.9	
				纵向		>80~100	≥435	≥380		≥7	100	443	396		7.6	
				横向						≥2		441	381		2.4	
				高向			≥420	≥350		≥1		428	351		1.7	
				纵向		>100~130	≥425	≥370		≥6	120	430	378		6.9	
				横向						≥1		429	379		1.7	
				高向			≥415	≥345		—		421	351		1.6	
				纵向		>130~150	≥420	≥365		≥6	140	433	370		6.5	
				横向						≥1		431	370		1.3	
				高向			≥405	≥345		—		412	352		1.2	
				纵向		>150~180	≥415	≥360		≥5	165	421	369		5.3	
				横向						≥1		420	368		1.3	
				高向			≥400	≥340		—		405	343		1.3	
				纵向		>180~200	≥405	≥350		≥5	185	413	356		5.3	
				横向						≥1		412	358		1.6	
				高向			≥395	≥330		—		401	336		2.7	

续表 3-2

牌号	供货状态	试样状态	品种	方向	室温拉伸力学性能											备注
					拉伸性能极限值						典型值					
					产品标准	厚度	抗拉强度 R_m	规定非比例延伸强度 $R_{p0.2}$	断后伸长率		厚度	抗拉强度 R_m	规定非比例延伸强度 $R_{p0.2}$	断后伸长率[1]		
									$A_{50\ mm}$	$A_{5.65}$				$A_{50\ mm}$	$A_{5.65}$	
						mm	MPa		%		mm	MPa		%		
2A14	T4	T4	模锻件	纵向	—	≤100	≥380	≥245	≥11	≥9	80	390	253	12.0	10.0	航天及兵器
				横向			≥365	≥235	≥8	≥6		372	241	9.0	7.1	—
				高向			≥345	—	≥6	≥5		351	221	7.0	5.9	
			自由锻件	纵向			≥380	≥245	—	≥10	100	389	250	—	10.7	
				横向			≥365	—		≥8		370	241		8.9	
				高向			≥325			≥4		331	230		4.7	
				纵向		>100~150	≥375	≥235		≥8	140	381	242		9.0	
				横向			≥355	—		≥7		361	222		7.6	
				高向			≥325			≥4		331	210		4.4	
	T6	T6	模锻件	纵向	GB/T 8545—2024	≤100	≥430	≥315	≥10	≥9	100	438	322	10.7	10.0	
				横向			≥390	—	≥6	≥5		401	300	6.6	6.0	
				高向			≥355		≥4	≥3		361	300	4.8	4.1	
				纵向		>100~150	≥410	≥295	≥8	≥7	135	414	298	8.2	7.8	
				横向			≥390	—	≥6	≥5		407	254	6.2	5.1	
				高向			≥355	—	≥3	≥2		359	270	3.2	2.5	
			自由锻件	纵向		≤100	≥410		—	≥8	100	419	265		8.4	
				横向			≥355			≥4		364	269		4.0	
				高向			≥335			≥3		336	262		3.2	

续表 3-2

牌号	供货状态	试样状态	品种	方向	室温拉伸力学性能											备注
					拉伸性能极限值						典型值					
					产品标准	厚度	抗拉强度 R_m	规定非比例延伸强度 $R_{p0.2}$	断后伸长率		厚度	抗拉强度 R_m	规定非比例延伸强度 $R_{p0.2}$	断后伸长率①		
									$A_{50\ mm}$	$A_{5.65}$				$A_{50\ mm}$	$A_{5.65}$	
						mm	MPa		%		mm	MPa		%		
2A14	T6	T6	自由锻件	纵向	GB/T 8545—2024	>100~150	≥380	—	—	≥6	140	382	196	—	6.8	—
				横向			≥355			≥4		356	174		4.3	
				高向			≥335			≥2		344	—		2.4	
2618	T61	T61		纵向		≤50	≥400	≥325		≥6	50	407	343		7.0	船用叶轮
				横向			≥380	≥290		≥4		390	321		5.0	—
				高向			≥360	≥290		≥3		381	321		4.1	
				纵向		>50~80	≥395	≥315		≥6	80	417	341		6.3	
				横向			≥380	≥290		≥4		390	328		4.8	
				高向			≥360	≥290		≥3		394	307		4.0	
				纵向		>80~100	≥385	≥310		≥6	100	411	345		6.0	
				横向			≥365	≥275		≥4		393	334		5.0	
				高向			≥350	≥270		≥3		377	302		2.5	
2618A	T6、T61	T6、T61	模锻件	纵向		≤100	≥400	≥310	≥4	≥3		402	323	4.4	3.3	船用叶轮
				横向			≥380	≥290				390	322	4.3	3.3	—
				高向								387	320	4.2	3.1	
	T61	T61	自由锻件	纵向		≤50	≥400	≥325	—	≥6	40	405	342	—	6.3	
				横向			≥380	≥290		≥4		393	320		4.5	
				高向			≥360			≥3		378	309		3.3	

续表 3-2

牌号	供货状态	试样状态	品种	方向	室温拉伸力学性能											备注
					拉伸性能极限值						典型值					
					产品标准	厚度	抗拉强度 R_m	规定非比例延伸强度 $R_{p0.2}$	断后伸长率		厚度	抗拉强度 R_m	规定非比例延伸强度 $R_{p0.2}$	断后伸长率①		
									$A_{50\ mm}$	$A_{5.65}$				$A_{50\ mm}$	$A_{5.65}$	
						mm	MPa		%		mm	MPa		%		
2618A	T61	T61	自由锻件	纵向	GB/T 8545—2024	>50~80	≥395	≥315	—	≥6	80	417	341	—	6.3	—
				横向			≥380	≥290		≥4		390	328		4.8	
				高向			≥360			≥3		394	308		4.1	
				纵向		>80~100	≥385	≥310		≥6	100	410	325		6.4	
				横向			≥365	≥275		≥4		384	314		4.2	
				高向			≥350	≥270		≥3		377	302		3.5	
2219	T6	T6	模锻件	纵向		≤100	≥400	≥260	≥8	≥7	80	407	260	8.4	8.0	航天储箱
				横向			≥385	≥250	≥4	≥3		400	252	4.3	3.6	—
				高向								391	253	4.2	3.4	
			自由锻件	纵向			≥400	≥275	—	≥5	100	401	276	—	5.6	
				横向			≥380	≥255		≥3		383	256		3.1	
				高向			≥365	≥240		≥1		374	244		1.5	
	T852	T852		纵向			≥425	≥345		≥5		430	345		5.7	
				横向				≥340		≥3		426	344		3.1	
				高向			≥415	≥315		≥2		416	321		2.7	
2025	T6	T6	模锻件	纵向			≥360	≥230	≥11	≥9	80	364	232	11.5	9.2	
2A50				纵向			≥380	≥275	≥10		85	384	277	10.2	9.2	兵器轮毂
				横向			≥365	≥245	≥7	≥6		369	252	7.9	7.2	—

续表 3-2

牌号	供货状态	试样状态	品种	方向	室温拉伸力学性能											备注
					拉伸性能极限值						典型值					
					产品标准	厚度	抗拉强度 R_m	规定非比例延伸强度 $R_{p0.2}$	断后伸长率		厚度	抗拉强度 R_m	规定非比例延伸强度 $R_{p0.2}$	断后伸长率①		
									$A_{50\ mm}$	$A_{5.65}$				$A_{50\ mm}$	$A_{5.65}$	
						mm	MPa		%		mm	MPa		%		
2A50	T6	T6	模锻件	高向	GB/T 8545—2024	≤100	≥345	—	≥5	≥4	85	348	218	5.3	4.3	—
			自由锻件	纵向			≥365		—	≥8	100	384	263	—	9.8	
				横向			≥345			≥6		361	251		7.0	
				高向			≥335			≥4		343	230		4.0	
2A60			模锻件	纵向			≥380	≥275	≥10	≥9	75	387	280	10.6	9.5	
				横向			≥365	≥245	≥7	≥6		371	249	7.3	6.1	
				高向			≥345	—	≥5	≥4		349	—	5.5	4.2	
			自由锻件	纵向	—		≥365		—	≥8	100	370		—	8.5	
				横向			≥345			≥6		350			6.6	
				高向			≥335			≥4		341			4.3	
2A70			模锻件	纵向	GB/T 8545—2024		≥375		≥4	≥3	85	375	231	4.3	3.2	航天及兵器
				横向								376	231	4.6	3.2	—
				高向								376	221	4.1	3.1	
			自由锻件	纵向					—	≥4	100	378	259	—	8.0	
				横向								379	253		7.4	
				高向								376	247		4.7	
2A80	T6	T6	模锻件	纵向	—	≤100	≥375	≥225	≥4	≥3	75	377	229	4.2	3.8	
			自由锻件	纵向	GB/T 8545—2024		≥355	—	—		90	359	—	—	4.0	

续表 3-2

牌号	供货状态	试样状态	品种	方向	室温拉伸力学性能											备注
					拉伸性能极限值						典型值					
					产品标准	厚度	抗拉强度 R_m	规定非比例延伸强度 $R_{p0.2}$	断后伸长率		厚度	抗拉强度 R_m	规定非比例延伸强度 $R_{p0.2}$	断后伸长率[①]		
									$A_{50\ mm}$	$A_{5.65}$				$A_{50\ mm}$	$A_{5.65}$	
						mm	MPa		%		mm	MPa		%		
3A21	H112	H112	模锻件	纵向	GB/T 8545—2024	≤100	≥165	—	≥20	≥18	80	167	—	21.1	19.1	—
			自由锻件	纵向					—	≥20	90	167		—	20.7	
4032	T6	T6	模锻件	纵向			≥360	≥290	≥3	≥2	50	369	291	3.2	2.6	船用活塞
5A02	H112	H112	模锻件	纵向	—		≥175	—	≥15	≥13	90	181	—	15.2	13.9	—
			自由锻件	纵向	GB/T 8545—2024				—	≥15	100	182		—	15.3	
5A03			模锻件	纵向	—		≥186	≥78	≥15	≥13	85	190	81	15.2	13.3	
			自由锻件	纵向					—	≥15	100	191	80	—	15.6	
5A05			模锻件	纵向	GB/T 8545—2024		≥220	—	≥12	≥10	80	224	—	12.2	10.2	
			自由锻件	纵向			≥195		—		90	204		—	10.3	
5A06	O、H112	O、H112	模锻件	纵向		≤50	≥305	≥125	≥14	≥12	45	306	133	14.3	13.0	航天及兵器
				横向								308	134	15.0	13.2	—
				高向				—				307	130	15.0	13.0	
				纵向		>50~100	≥295	≥125			85	304	136		11.8	
				横向								299	136		14.8	
				高向				—				296	130		12.2	
				纵向		>100~150	≥285	≥120			112	289	120		13.2	
				横向								286	119		12.8	
				高向				—				288	109		12.1	

续表 3-2

牌号	供货状态	试样状态	品种	方向	室温拉伸力学性能											备注
					拉伸性能极限值						典型值					
					产品标准	厚度	抗拉强度 R_m	规定非比例延伸强度 $R_{p0.2}$	断后伸长率		厚度	抗拉强度 R_m	规定非比例延伸强度 $R_{p0.2}$	断后伸长率①		
									$A_{50\ mm}$	$A_{5.65}$				$A_{50\ mm}$	$A_{5.65}$	
						mm	MPa		%		mm	MPa		%		
5A06	O、H112	O、H112	自由锻件	纵向	GB/T 8545—2024	≤50	≥305	≥125	—	≥14	50	308	136	—	15.3	—
				横向								308	133		15.0	
				高向								309	137		15.0	
				纵向		>50~100	≥295				≥85	323	129		18.7	
				横向								321	128		17.8	
				高向								321	127		17.1	
				纵向		>100~150	≥285	≥120			≥140	335	133		19.7	
				横向								328	131		14.7	
				高向						≥14		324	129	—	13.5	
5083	H112	H112	模锻件	纵向		≤100	≥275	≥125	≥16		≥76	276	125		14.6	
				横向			≥270	≥110	≥14	≥12		274	113		14.5	
				高向								271	111		12.6	
6061	T6	T6		纵向			≥260	≥240	≥7	≥6	≥83	299	255		8.3	航空航天
				横向					≥5	≥4		301	258		9.4	—
				高向								292	252		6.4	
	T6、T652	T6、T652	自由锻件	纵向					—	≥9	≥90	278	241		9.6	
				横向						≥7		270	241		7.6	
				高向			≥255	≥230		≥4		265	236		4.3	

续表 3-2

牌号	供货状态	试样状态	品种	方向	室温拉伸力学性能											备注
					拉伸性能极限值						典型值					
					产品标准	厚度	抗拉强度 R_m	规定非比例延伸强度 $R_{p0.2}$	断后伸长率		厚度	抗拉强度 R_m	规定非比例延伸强度 $R_{p0.2}$	断后伸长率①		
									$A_{50\ mm}$	$A_{5.65}$				$A_{50\ mm}$	$A_{5.65}$	
						mm	MPa		%		mm	MPa		%		
6061	T6、T652	T6、T652	自由锻件	纵向	GB/T 8545—2024	>100~200	≥255	≥235	—	≥7	150	283	239	—	7.4	—
				横向						≥5		281	236		6.4	
				高向			≥240	≥220		≥3		286	231		4.3	
7A04	T6	T6	模锻件	纵向		≤100	≥530	≥440	≥6	≥5	80	531	442	6.3	5.6	航空航天
				横向			≥450	—	≥4	≥3		452	423	4.4	3.3	—
				高向			≥425		≥3	≥2		428	412	3.3	2.6	
				纵向		>100~150	≥530	≥440	≥6	≥5	125	532	441	6.2	5.3	
				横向			≥450	—	≥4	≥3		452	423	4.4	3.3	
				高向			≥425		≥2	≥1		428	412	2.3	1.3	
			自由锻件	纵向		≤100	≥510	≥420	—	≥6	100	514	423	—	7.4	
				横向			≥440	—		≥3		444	388		4.8	
				高向			≥420			≥2		424	365		2.1	
7A09	T6	T6	模锻件	纵向		≤150	≥530	≥440	≥6	≥5	123	531	450		5.7	航天及兵器
				横向			≥450	—	≥4	≥3		453	430		4.3	—
				高向			≥425		≥3	≥2		434	185		2.6	
			自由锻件	纵向			≥510	≥420	—	≥6	140	521	423		7.9	
				横向			≥440	—		≥3		443	313		5.9	
				高向			≥420			≥2		422	302		2.6	

续表 3-2

牌号	供货状态	试样状态	品种	方向	室温拉伸力学性能											备注
					拉伸性能极限值						典型值					
					产品标准	厚度	抗拉强度 R_m	规定非比例延伸强度 $R_{p0.2}$	断后伸长率 $A_{50\ mm}$	断后伸长率 $A_{5.65}$	厚度	抗拉强度 R_m	规定非比例延伸强度 $R_{p0.2}$	断后伸长率[①] $A_{50\ mm}$	断后伸长率[①] $A_{5.65}$	
						mm	MPa	MPa	%	%	mm	MPa	MPa	%	%	
7A09	T73	T73	模锻件	纵向	GB/T 8545—2024	≤150	≥455	≥385	≥7	≥6	132	456	388	7.3	6.3	—
				横向			≥440	≥370	≥4	≥3		441	372	4.3	3.3	
				高向			≥425	—	≥3	≥2		428	—	3.3	2.1	
			自由锻件	纵向			≥455	≥385	—	≥6	140	459	389	—	7.8	
				横向			≥440	≥370		≥3		450	371		6.6	
				高向			≥420	—		≥2		430	326		3.1	
	T74	T74	模锻件	纵向		≤100	≥510	≥430	≥6	≥5	85	512	431	6.5	6.0	
				横向			≥450	—	≥4	≥3		455	—	4.3	3.2	
				高向			≥425		≥3	≥2		429		3.3	2.5	
				纵向		>100~150	≥510	≥430	≥6	≥5	112	512	431	6.5	6.0	
				横向			≥450	—	≥4	≥3		455	—	4.3	3.2	
				高向			≥425		≥2	≥1		429		3.3	2.5	
			自由锻件	纵向		≤100	≥490	≥410	—	≥6	100	499	412	—	7.0	
				横向			≥440	—		≥3		443	—		3.7	
				高向			≥420			≥2		422			2.3	
				纵向		>100~150	≥510	≥430		≥5	140	513	440		5.2	
				横向			≥440	—		≥3		444	—		3.9	
				高向			≥420			≥2		421			3.0	

续表 3-2

牌号	供货状态	试样状态	品种	方向	室温拉伸力学性能											备注
					拉伸性能极限值						典型值					
					产品标准	厚度	抗拉强度 R_m	规定非比例延伸强度 $R_{p0.2}$	断后伸长率		厚度	抗拉强度 R_m	规定非比例延伸强度 $R_{p0.2}$	断后伸长率①		
									$A_{50\ mm}$	$A_{5.65}$				$A_{50\ mm}$	$A_{5.65}$	
						mm	MPa		%		mm	MPa		%		
7034	T6	T6	模锻件	纵向	GB/T 8545—2024	≤50	≥710	≥650	—	≥5	45	710	650	—	5.3	—
				横向			≥680	≥600		≥2		681	601		2.2	
7039			自由锻件	纵向		≤100	≥410	≥345		≥11	80	412	345		11.2	航天及兵器
				横向			≥400	≥335		≥7		402	335		7.4	—
7050	O1、T74	T74	模锻件	纵向		>50~100	≥490	≥420	≥7	≥6	100	491	426		6.8	
				横向			≥460	≥380	≥4	≥3		466	381		3.8	
				高向								460	381		3.1	
				纵向		>100~130	≥485	≥415	≥7	≥6	125	495	437		6.9	
				横向			≥455	≥370	≥3	≥2		474	390		2.2	
				高向								458	371		2.1	
				纵向		>130~150	≥485	≥405	≥7	≥6	133	497	433		5.6	
				横向			≥455	≥370	≥3	≥2		484	407		2.9	
				高向								480	372		1.5	
			自由锻件	纵向		>50~80	≥495	≥425	—	≥8	80	498	428		8.3	
				横向			≥485	≥415		≥4		504	415		6.3	
				高向			≥460	≥380		≥3		474	386		2.5	
				纵向		>80~100	≥490	≥420		≥8	100	496	420		8.3	
				横向			≥485	≥405		≥4		490	406		4.1	
				高向			≥460	≥380		≥3		463	385		3.4	

续表 3-2

牌号	供货状态	试样状态	品种	方向	室温拉伸力学性能											备注
					拉伸性能极限值						典型值					
					产品标准	厚度	抗拉强度 R_m	规定非比例延伸强度 $R_{p0.2}$	断后伸长率		厚度	抗拉强度 R_m	规定非比例延伸强度 $R_{p0.2}$	断后伸长率[①]		
									$A_{50\ mm}$	$A_{5.65}$				$A_{50\ mm}$	$A_{5.65}$	
						mm	MPa		%		mm	MPa		%		
7050	O1、T74	T74	自由锻件	纵向	GB/T 8545—2024	>100~130	≥485	≥415	—	≥8	120	499	418	—	8.1	—
				横向			≥475	≥400		≥3		494	418		7.4	
				高向			≥455	≥370		≥2		469	371		4.0	
				纵向		>130~150	≥475	≥405		≥8	140	479	407		8.5	
				横向			≥470	≥385		≥4		470	386		4.6	
				高向			≥455	≥365		≥2		455	368		2.2	
				纵向		>150~180	≥470	≥400		≥8	165	471	403		8.1	
				横向			≥460	≥370		≥3		463	391		3.7	
				高向			≥450	≥350		≥2		458	360		2.7	
				纵向		>180~200	≥460	≥395		≥8	186	461	396		8.2	
				横向			≥455	≥360		≥3		458	360		3.4	
				高向			≥440	≥345		≥2		440	348		2.2	
	T7452	T7452	模锻件	纵向		>50~100	≥490	≥405	≥7	≥6	85	495	407	7.3	6.3	
				横向			≥460	≥370	≥4	≥3		463	374	4.2	3.2	
				高向								460	371	4.6	3.1	
				纵向		>100~130	≥485	≥400	≥7	≥6	125	492	405	—	6.3	
				横向			≥455	≥365	≥3	≥2		460	369		3.0	
				高向								459	366		2.9	

续表 3-2

牌号	供货状态	试样状态	品种	方向	室温拉伸力学性能											备注
					拉伸性能极限值						典型值					
					产品标准	厚度	抗拉强度 R_m	规定非比例延伸强度 $R_{p0.2}$	断后伸长率		厚度	抗拉强度 R_m	规定非比例延伸强度 $R_{p0.2}$	断后伸长率①		
									$A_{50\ mm}$	$A_{5.65}$				$A_{50\ mm}$	$A_{5.65}$	
						mm	MPa		%		mm	MPa		%		
7050	T7452	T7452	模锻件	纵向	GB/T 8545—2024	>130~150	≥475	≥395	≥7	≥6	133	480	401	—	6.5	—
				横向			≥455	≥360	≥3	≥2		463	360		2.1	
				高向								460	361		2.3	
			自由锻件	纵向		>50~80	≥495	≥425	—	≥8	80	498	430		9.0	
				横向			≥485	≥415		≥4		487	421		4.4	
				高向			≥460	≥380		≥3		463	385		3.3	
				纵向		>80~100	≥490	≥420		≥8	100	496	420		8.3	
				横向			≥485	≥405		≥4		490	412		4.7	
				高向			≥460	≥380		≥3		463	388		3.3	
				纵向		>100~130	≥485	≥415		≥8	120	492	415		8.7	
				横向			≥475	≥400		≥3		480	401		3.0	
				高向			≥455	≥370		≥2		459	376		2.9	
				纵向		>130~150	≥475	≥405		≥8	140	480	409		9.1	
				横向			≥470	≥385		≥4		475	393		4.6	
				高向			≥455	≥365		≥2		456	367		3.0	
				纵向		>150~180	≥470	≥400		≥8	160	475	403		8.5	
				横向			≥460	≥370		≥3		465	382		3.6	
				高向			≥450	≥350		≥2		452	353		2.7	

续表 3-2

牌号	供货状态	试样状态	品种	方向	室温拉伸力学性能											备注
					拉伸性能极限值						典型值					
					产品标准	厚度	抗拉强度 R_m	规定非比例延伸强度 $R_{p0.2}$	断后伸长率 $A_{50\ mm}$	断后伸长率 $A_{5.65}$	厚度	抗拉强度 R_m	规定非比例延伸强度 $R_{p0.2}$	断后伸长率① $A_{50\ mm}$	断后伸长率① $A_{5.65}$	
						mm	MPa	MPa	%	%	mm	MPa	MPa	%	%	
7050	T7452	T7452	自由锻件	纵向	GB/T 8545—2024	>180~200	≥460	≥395	—	≥8	200	461	396	—	8.1	—
				横向			≥455	≥360		≥3		458	360		3.1	
				高向			≥440	≥345		≥2		440	348		2.6	
7A52	T6、T652	T6、T652		纵向		≤150	≥410	≥345		≥6	135	445	375		9.2	航天兵器
				横向			≥380	—		≥4		430	352		7.8	—
				高向			≥360			≥2		420	—		6.1	
7075	T6	T6	模锻件	纵向		>25~50	≥510	≥435	≥7	≥6	50	526	458		8.0	
				横向			≥490	≥420	≥3	≥2		497	424		2.9	
				高向								491	422		2.1	
				纵向		>50~80	≥510	≥435	≥7	≥6	75	527	458		8.3	
				横向			≥485	≥415	≥3	≥2		491	421		2.3	
				高向								490	418		2.1	
				纵向		>80~100	≥505	≥435	≥7	≥6	92	512	436		6.9	
				横向			≥485	≥415	≥2	≥1		486	416		1.1	
				高向								486	416		1.3	
			自由锻件	纵向		>50~80	≥505	≥420	—	≥8	80	507	424		9.0	
				横向			≥490	≥405		≥3		500	409		3.4	
				高向			≥475	≥400		≥2		480	404		2.6	

续表 3-2

牌号	供货状态	试样状态	品种	方向	室温拉伸力学性能											备注
					拉伸性能极限值						典型值					
					产品标准	厚度	抗拉强度 R_m	规定非比例延伸强度 $R_{p0.2}$	断后伸长率		厚度	抗拉强度 R_m	规定非比例延伸强度 $R_{p0.2}$	断后伸长率[①]		
									$A_{50\ mm}$	$A_{5.65}$				$A_{50\ mm}$	$A_{5.65}$	
						mm	MPa		%		mm	MPa		%		
7075	T6	T6	自由锻件	纵向	GB/T 8545—2024	>80~100	≥490	≥415	—	≥7	100	491	418	—	7.3	—
				横向			≥485	≥400		≥2		485	401		2.7	
				高向			≥470	≥395		≥1		478	398		2.7	
				纵向		>100~130	≥475	≥400		≥6	120	479	401		6.1	
				横向			≥470	≥385		≥2		471	386		2.3	
				高向			≥455			≥1		456	387		1.2	
				纵向		>130~150	≥470	≥385		≥5	140	475	386		5.8	
				横向			≥455	≥380		≥2		458	381		2.2	
				高向			≥450			≥1		451	381		1.3	
7175	T74	T74		纵向	—	>130~150	≥450	≥370		≥7	135	451	373		7.2	
				横向			≥440	≥360		≥4		441	362		5.0	
				高向			≥435			≥3		438	363		3.2	

① 制样或测试方法的微小差异，可能导致伸长率测试结果偏离。

华建铝材 创向未来
Huajian Aluminum · Create the Future

山东华建铝业集团是以铝型材及铝精深加工产业为主，产业链配套完善，集建筑型材、工业型材和新材料为一体的重点科研生产加工企业，国家高新技术企业、国家级绿色工厂、国家知识产权优势企业、国家守合同重信用企业、中国建筑铝型材行业前三强、中国制造业民营企业 500 强、首批山东省绿色低碳高质量发展先行区建设试点企业。拥有“六区六园两平台”，铝型材全流程智能化生产线，万吨挤压机生产线 1 条，铝材年产能达 80 万吨。

建有通过 CMA 中国计量认证的 CNAS 国家认可实验室，高标准的国家级工业设计中心、博士后科研工作站，山东省企业技术中心、工程研究中心。行业内率先取得中国绿色建材“三星级”认证，先后获授权国家专利 1600 多项，参与 40 多项国家标准和行业标准的起草与修订，获评技术标准优秀奖一等奖。

华建产品销往全球 50 多个国家和地区。独立研发的易欧思系统门窗、华建定制家装门窗、全铝家居、建筑铝模板、光伏铝型材，工业、汽车、新能源等铝合金轻量化产品，均拥有完全自主知识产权。在中国尊、国家体育场、2022 年北京冬奥会国家速滑馆、北京大兴机场、美国驻华大使馆及科威特大学城、坦桑尼亚总统府等国内外重点工程案例中得到广泛应用。

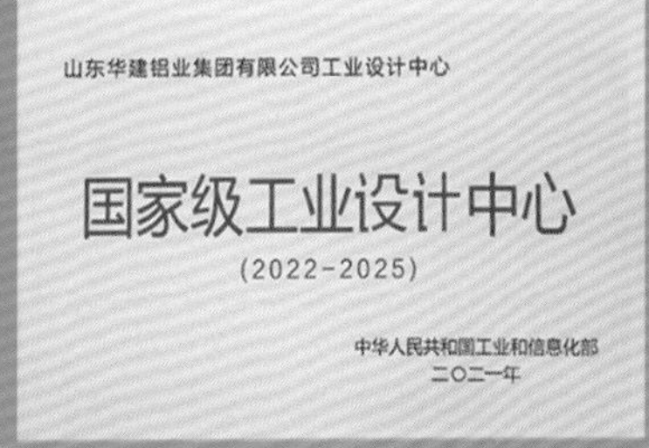

幕墙系统

系统门窗（被动式）

工业铝型材

光伏材料

建筑铝模板

车体轻量化

铝合金桥梁

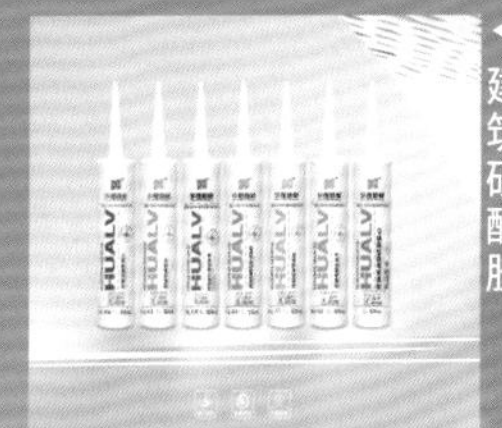

建筑硅酮胶

护栏

五金配件

全铝家居

山东华建铝业集团
地址：山东 临朐 东环路 5188 号
电话：0536-3151777 3151888
网址：www.huajian-al.com
全国服务热线：400-0133-888
（微信扫描二维码关注华建铝业、窗博城最新资讯）

全铝应用及铝加工解决方案供应商

创新研发|极致品质|高精密度

伟业铝型材广泛应用于建筑门窗幕墙工程、交通运输、汽车轻量化、电子工业、交通运输、军用器械、电器家具、生活用品等, 品质优越, 远销海内外。